"十四五"职业教育国家规划教材

高等职业教育能源动力与材料大类系列教材

配电线路运行与检修

PEIDIAN XIANLU YUNXING YU JIANXIU

● 主　编　李晓晨
● 副主编　汤　昕　蔡　涛　马光耀
● 参　编　李　钰　白剑锋　温智慧　唐　力
　　　　　王开林　杨　阳　祝明佳

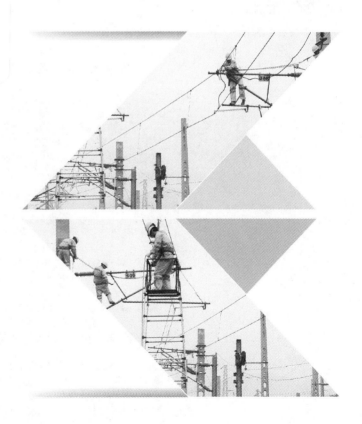

重庆大学出版社

内容提要

本书是"十四五"职业教育国家规划教材。

"配电线路运行与检修"是输配电工程技术专业的核心课程,对应配电线路运行和检修岗位。本书按照职业教育"三教改革"要求,依据电力行业配电线路运行与检修岗位工作任务对知识、能力和素质的综合需求来选择和组织内容,注重职业岗位工作任务与学习型典型工作任务的对接。

本书分为5个学习项目,即配电线路运行,配电线路故障及预防,配电线路带电检测,配电线路停电检修,配电线路带电作业;提取学习型典型工作任务共19个,每个学习任务相对独立,由教学目标、任务描述、相关知识、任务实施4部分组成,并以任务工单的形式呈现,充分体现了工作过程的完整性。

本书配有微课、动画、视频教学等教学资源,形成具有专业特色的新形态主体化教材,实现教学资源与教学内容的有效对接。

本书可供高等职业院校高压输配电线路施工运行与维护专业以及电力类专业师生使用,同时也可作为从事配电线路相关人员的培训参考书。

图书在版编目(CIP)数据

配电线路运行与检修/李晓晨主编.--重庆:重
庆大学出版社,2020.3(2024.7 重印)
ISBN 978-7-5689-2028-5

Ⅰ.①配⋯ Ⅱ.①李⋯ Ⅲ.①配电线路—电力系统运
行—高等职业教育—教材 ②配电线路—检修—高等职业教
育—教材 Ⅳ.①TM726

中国版本图书馆 CIP 数据核字(2020)第 045774 号

配电线路运行与检修

主 编 李晓晨
副主编 汤 昕 蔡 涛 马光耀
参 编 李 钰 白剑锋 温智慧 唐 力
王开林 杨 阳 祝明佳
策划编辑:鲁 黎
责任编辑:文 鹏 版式设计:鲁 黎
责任校对:谢 芳 责任印制:张 策

*

重庆大学出版社出版发行
出版人:陈晓阳
社址:重庆市沙坪坝区大学城西路 21 号
邮编:401331
电话:(023)88617190 88617185(中小学)
传真:(023)88617186 88617166
网址:http://www.cqup.com.cn
邮箱:fxk@ cqup.com.cn(营销中心)
全国新华书店经销
重庆市国丰印务有限责任公司印刷

*

开本:787mm×1092mm 1/16 印张:11.5 字数:274 千
2020 年 3 月第 1 版 2024 年 7 月第 3 次印刷
印数:2 001—4 000
ISBN 978-7-5689-2028-5 定价:45.00 元

高等职业教育能源动力与材料大类

（供电服务）系列教材编委会

编写人员名单

主　编　李晓晨　长沙电力职业技术学院

副主编　汤　昕　长沙电力职业技术学院

　　　　蔡　涛　安徽电气工程职业技术学院

　　　　马光耀　国网北京市电力公司

参　编　李　钰　长沙电力职业技术学院

　　　　白剑锋　长沙电力职业技术学院

　　　　温智慧　长沙电力职业技术学院

　　　　唐　力　国网湖南省电力有限公司

　　　　　　　　长沙供电分公司

　　　　王开林　国网安徽省电力有限公司

　　　　　　　　蚌埠供电公司

　　　　杨　阳　国网浙江省电力有限公司

　　　　　　　　宁波供电公司

　　　　祝明佳　国网浙江省电力有限公司

　　　　　　　　杭州市富阳区供电公司

序言

实施乡村振兴战略，是党的十九大作出的重大决策部署。习近平总书记指出，"乡村振兴是一盘大棋，要把这盘大棋走好"。近年来，在国家电网有限公司统一部署下，国网湖南省电力有限公司全面建设"全能型"乡镇供电所，持续加大农网改造力度，不断提升农村电网供电保障能力，与此同时，也对供电所岗位从业人员技术技能水平提出了更新更高的要求。

近年来，长沙电力职业技术学院始终以"产教融合"为主线，以"做精做特"为思路，立足服务公司和电力行业需求，大力实施面向供电服务职工的定制定向培养，推进人才培养与"全能型"供电所岗位需求对接，重点培养电力行业新时代卓越产业工人，为服务乡村振兴和经济社会发展提供强有力的人才保障。

教材，是人才培养和开展教育教学的支撑和载体。为此，长沙电力职业技术学院把编制适应供电服务岗位需求的教材作为抓好定向培养的关键切入点，从培养供电服务一线职工的角度出发，破解职业教育传统教材与生产实际、就业岗位需求脱节的突出问题。本套教材由长沙电力职业技术学院教师与供电企业专家、技术能手和星级供电所所长等人员共同编写而成，贯穿了"产教协同"的思路理念，汇聚了源自供电服务一线的实践经验。

以德为先，德育和智育相互融合。本套教材立足高职学生视角，在突出内容设计和语言表达的针对性、通俗性、可读性的同时，注重将核心价值观、职业道德和电力行业企业文化等元素融入其中，引导学生树立远大理想，把"爱国情、强国志、报国行"自觉融入实现"中国梦"的奋斗之中，努力成为德、智、体、美、劳全面发展的社会主义建设者和接班人。

以实为体，理论与实践相互支撑。"教育上最重要的事是要给学生一种改造环境的能力。"（陶行知语）为此，本套教材更加突出对学生职业能力的培养，在确保理论知识适度、实用的基础上，采用任务驱动模式编排学习内容，以"项目＋任务"为主体，导入大量典型岗位案例，启发学生"做中学、学中做"，促进实现工学结合、"教学做"一体化目标。同时，得益于本套教材为校企合作开发，确保了课程内容源于企业生产实际，具有较好的"技术跟随度"，较为全面地反映了专业最新知识，以及新工艺、新方法、新规范和新标准。

以生为本，线上与线下相互衔接。本套教材配有数字化教学资源平台，能够更好地适应混合式教学、在线学习等泛在教学模式的需要，有利于教材跟随能源电力专业技术发展和产业升级情况，及时调整更新。该平台建立了动态化、立体化的教学资源体系，内容涵盖课程电子教案、教学课件、辅助资源（视频、动画、文字、图片）、测试题库、考核方案等，学生可通过扫描二维码，结合线上资源与纸质教材进行自主学习，为大力开展网络课堂和智慧学习提供了有力的技术支撑。

"教育者，非为已往，非为现在，而专为将来。"（蔡元培语）随着现场工作标准的提高、新技术的应用，本套教材还将不断改进和完善。希望本套教材的出版，能够为全国供电服务职工培养培训提供参考借鉴，为"全能型"供电所的建设和发展做出有益探索！

与此同时，对为本套教材辛勤付出的编委会成员、编写人员、出版社工作人员表示衷心的感谢！

2019 年 12 月

前言

"配电线路运行与检修"是输配电工程技术专业的核心课程,对应配电线路运行和检修岗位。编者按照职业教育"三教改革"要求,结合专业特点,通过对配电线路运行及检修岗位工作任务分析,根据国家标准、电力行业规范等,融入配电线路运检新技术、新工艺、新规范,基于工作过程的设计思路,重构课程内容,采用项目导向式编写了此活页式教材。

本书以培养学生配电运行与检修能力为目标,根据对接岗位配电运行、带电检测、停电检修、带电检修等作业要求,以现场标准化作业流程为核心,按照工作任务、相关知识、任务实施、任务拓展的编排方式,层层递进,逐步展开,将"教、学、做"融为一体。书中着重强化学生能力的培养,并结合微课、动画、视频教学等数字资源,形成具有专业特色的新形态主体化教材,实现了教学资源与教学内容的有效对接。学习者可通过扫描二维码观看学习,实现移动化、碎片化和终身化学习的目标。

本书内容分为 5 个学习项目,以通俗易懂的文字配套丰富的图像视频资源,系统地介绍了配电线路运行、配电线路故障及预防、配电线路带电检测、配电线路检修、配电线路带电作业等方面内容,设计典型工作任务共 19 个,每个学习任务相对独立,充分体现了工作过程的完整性。

本书由李晓晨任主编,汤昕、蔡涛、马光耀任副主编,李钰、白剑锋、温智慧、唐力、王开林、杨阳、祝明佳参编。具体分工如下:项目 1 由李晓晨、王开林编写,项目 2 由蔡涛、白剑锋、祝明佳编写,项目 3 由汤昕、杨阳编写,项目 4 由马光耀、李钰编写,项目 5 由唐力、温智慧编写。

本书编写过程中,参考了大量的技术资料及网络资源,并得到了相关企业的配电运维技术专家和管理人员的大力支持和帮助,在此向所有提供帮助的各位同仁表示感谢!

由于作者水平有限,书中难免有疏漏和不妥之处,敬请广大读者批评指正。

编 者
2019 年 12 月

配套教学资源包下载
(微课、视频、动画、课
件、试题等)

目 录

项目 1　配电线路运行

【项目描述】

　　使学生熟悉配电线路的运行要求,理解配电线路各部件的运行情况和沿线周围环境的情况,学会对配电线路进行巡视,并进行配电线路停电和送电操作。

【项目目标】

　　(1)能进行配电线路的巡视。
　　(2)能进行配电线路停电和送电操作。

【教学环境】

　　线路实训场、多媒体教室、教学视频。

任务 1.1　10 kV 架空配电线路定期巡视

微课 1.1　配电线路
巡视分类

【教学目标】

　　1.知识目标
　　(1)熟悉 10 kV 配电线路的组成及各部分的功用。
　　(2)了解 10 kV 配电线路的运行规程。
　　(3)掌握 10 kV 配电线路定期巡视的内容及要求。

2. 能力目标

（1）能根据 10 kV 配电线路定期巡视的内容及要求编制 10 kV 配电线路定期巡视作业指导书。

（2）根据线路巡视工作任务准备工器具及相关零配件。

（3）能熟练掌握线路巡视的工作流程及标准化作业要求。

3. 素质目标

（1）能主动学习，并在完成任务过程中发现问题、分析问题和解决问题。

（2）能与小组成员协商、交流，配合完成本次学习任务。

（3）严格遵守安全规范。

【任务描述】

任务名称：10 kV 配电线路定期巡视。

任务内容：按照××电力公司 10 kV 配电线路运行规程的要求，对××10 kV 配电线路进行定期巡视，填写线路巡视记录卡和缺陷记录单，向班长汇报并提出检修意见。

（1）班级学生自由组合，形成几个 6 人组成的线路运行班，各线路运行班自行选出班长和副班长。

（2）线路巡视班长召集组员利用课外时间认真分析电力公司 10 kV 配电线路运行规程，制订 10 kV 配电线路定期巡视记录单，并填写任务工单相关内容。

（3）讨论制订实施计划。

（4）各线路巡视小组按照实施计划进行配电线路定期巡视工作。

（5）各线路运行班组针对实施过程中存在的问题进行讨论、修改，填写运行总结分析卡并完善任务工单。

【相关知识】

一、理论咨询

配电网运维单位及班组（以下简称运维单位）应有明确的设备运维责任分界点，配电网与变电、营销、用户管理之间界限应划分清晰，避免出现空白点（区段），原则上按以下要求进行分界：

（1）电缆出线：以变电站 10(20)kV 出线开关柜内电缆终端为分界点，电缆终端（含连接螺栓)及电缆属配电网运维。

(2)架空线路出线:以门形架耐张线夹外侧1 m为分界点。

(3)低压配电线路:按《供用电合同》中所确立的供电公司维护部分中,以表箱为分界点,表箱前所辖线路属配电网运维。

运维单位应结合配电网设备、设施运行状况和气候、环境变化情况以及上级运维管理部门的要求,编制计划、合理安排,开展标准化巡视工作。

(一)巡视分类与巡视周期

1.巡视分类

(1)定期巡视:由配电网运维人员进行,以掌握配电网设备、设施的运行状况、运行环境变化情况为目的,及时发现缺陷和威胁配电网安全运行情况的巡视。

(2)特殊巡视:在有外力破坏可能、恶劣气象条件(如大风、暴雨、覆冰、高温等)、重要保电任务、设备带缺陷运行或其他特殊情况下由运维单位组织对设备进行的全部或部分巡视。

(3)夜间巡视:在负荷高峰或雾天的夜间由运维单位组织进行,主要检查连接点有无过热、打火现象,绝缘子表面有无闪络等的巡视。

(4)故障巡视:由运维单位组织进行,以查明线路发生故障的地点和原因为目的的巡视。

(5)监察巡视:由管理人员组织进行,以了解线路及设备状况为目的,检查、指导巡视人员工作的巡视。

2.巡视周期

(1)定期巡视的周期见表1-1。根据设备状态评价结果,对该设备的定期巡视周期可动态调整,最多可延长一个定期巡视周期,架空线路通道与电缆线路通道的定期巡视周期不得延长。

(2)重负荷和三级污秽及以上地区线路应每年至少进行一次夜间巡视,其余视情况确定(线路污秽分级标准按当地电网污区图确定,污区图无明确认定的,按照附录B进行分级)。

(3)重要线路和故障多发线路应每年至少进行一次监察巡视。

表1-1   定期巡视周期

序号	巡视对象	周　期
1	架空线路通道	市区:一个月
		郊区及农村:一个季度
2	电缆线路通道	一个月
3	架空线路、柱上开关设备 柱上变压器、柱上电容器	市区:一个月
		郊区及农村:一个季度
4	电力电缆线路	一个季度
5	中压开关站、环网单元	一个季度
6	配电室、箱式变电站	一个季度
7	防雷与接地装置	与主设备相同
8	配电终端、直流电源	与主设备相同

3. 巡视要求

(1)巡视人员应随身携带相关资料及常用工具、备件和个人防护用品(图1-1)。

(2)巡视人员在巡视线路、设备时,应同时核对名称、编号、标识等。

(3)巡视人员应认真填写巡视记录。巡视记录应包括气象条件、巡视人、巡视日期、巡视范围、线路设备名称及发现的缺陷情况、缺陷类别、沿线危及线路设备安全的树(竹)、建(构)筑物和施工情况、存在外力破坏可能的情况、交叉跨越的变动情况以及初步处理意见和情况等。

动画 1.2　架空线路
巡视要求

(4)巡视人员在发现危急缺陷时应立即向班长汇报,并协助做好消缺工作;发现影响安全的施工作业情况,应立即开展调查,做好现场宣传、劝阻工作,并书面通知施工单位;巡视发现的问题应及时进行记录、分析、汇总,重大问题应及时向有关部门汇报。

图 1-1　巡视人员着装和常用工具

(二)巡视的范围

1. 定期巡视的主要范围

(1)架空线路、电缆通道及相关设施。

(2)架空线路、电缆及其附属电气设备。

(3)柱上变压器、柱上开关设备、柱上电容器、中压开关站、环网单元、配电室、箱式变电站等电气设备。

(4)中压开关站、环网单元、配电室的建(构)筑物和相关辅助设施。

(5)防雷与接地装置、配电自动化终端、直流电源等设备。

(6)各类标识标示及相关设施。

2. 特殊巡视的主要范围

(1)过温、过负荷或负荷有显著增加的线路及设备。

（2）检修或改变运行方式后，重新投入系统运行或新投运的线路及设备。

（3）根据检修或试验情况，有薄弱环节或可能造成缺陷的线路及设备。

（4）存在严重缺陷或缺陷有所发展以及运行中有异常现象的线路及设备。

（5）存在外力破坏可能或在恶劣气象条件下影响安全运行的线路及设备。

（6）重要保电任务期间的线路及设备。

（7）电网安全稳定有特殊运行要求的线路及设备。

（三）架空配电线路的巡视内容

1. 通道巡视的主要内容

（1）线路保护区内有无易燃、易爆物品和腐蚀性液（气）体。

（2）导线对地，对道路、公路、铁路、索道、河流、建（构）筑物等的距离是否符合规程的相关规定，有无可能触及导线的铁烟囱、天线、路灯等。

（3）有无可能被风刮起危及线路安全的物体（如金属薄膜、广告牌、风筝等）。

（4）线路附近的爆破工程有无爆破手续，其安全措施是否妥当。

（5）防护区内栽植的树（竹）情况及导线与树（竹）的距离是否符合规定，有无蔓藤类植物附生威胁安全。

（6）是否存在对线路安全构成威胁的工程设施（施工机械、脚手架、拉线、开挖、地下采掘、打桩等）。

（7）是否存在电力设施被擅自移作他用的现象。

（8）线路附近是否出现高大机械、揽风索及可移动设施等。

（9）线路附近有无污染源。

（10）线路附近河道、冲沟、山坡有无变化，巡视、检修时使用的道路、桥梁是否损坏，是否存在江河泛滥及山洪、泥石流对线路的影响。

（11）线路附近有无修建的道路、码头、货物等。

（12）线路附近有无射击、放风筝、抛扔杂物、飘洒金属和在杆塔、拉线上拴牲畜等。

（13）有无在建、已建违反《电力设施保护条例》及《电力设施保护条例实施细则》的建（构）筑物。

（14）通道内有无未经批准擅自搭挂的弱电线路。

（15）有无其他可能影响线路安全的情况。

2. 杆塔和基础巡视的主要内容

微课 1.3　配电线路
巡视内容（一）

（1）杆塔是否倾斜、位移（图 1-2），杆塔偏离线路中心不应大于 0.1 m，混凝土杆倾斜不应大于 15/1 000，铁塔倾斜度不应大于 0.5%（适用于 50 m 及以上高度铁塔）或 1.0%（适用于 50 m 以下高度铁塔），转角杆不应向内角倾斜，终端杆不应向导线侧倾斜，向拉线侧倾斜应小于 0.2 m。

图 1-2　杆塔倾斜

（2）混凝土杆不应有严重裂纹、铁锈水，保护层不应脱落、疏松、钢筋外露，混凝土杆不宜有纵向裂纹，横向裂纹不宜超过 1/3 周长，且裂纹宽度不宜大于 0.5 mm；焊接杆焊接处应无裂纹，无严重锈蚀；铁塔（钢杆）不应严重锈蚀，主材弯曲度不应超过 5/1 000，混凝土基础不应有裂纹、疏松、露筋（图 1-3、图 1-4）。

图 1-3　混凝土杆钢筋外露　　　　　　　　图 1-4　混凝土基础损坏

（3）基础有无损坏、下沉、上拔，周围土壤有无挖掘或沉陷，杆塔埋深是否符合要求。

（4）基础保护帽上部塔材有无被埋入土或废弃物堆中，塔材有无锈蚀、缺失。

（5）各部螺丝应紧固，杆塔部件的固定处是否缺螺栓或螺母，螺栓是否松动等。

（6）杆塔有无被水淹、水冲的可能，防洪设施有无损坏、坍塌。

（7）杆塔位置是否合适、有无被车撞的可能，保护设施是否完好，安全标示是否清晰。

（8）各类标识（杆号牌、相位牌、3 米线标记等）是否齐全、清晰明显、规范统一、位置合适、安装牢固。

（9）杆塔周围有无蔓藤类植物和其他附着物，有无危及安全的鸟巢、风筝及杂物（图 1-5）。

中项挂点防鸟板上有一鸟巢

图1-5　杆塔上附着风筝、鸟巢、蔓藤类植物

（10）杆塔上有无未经批准搭挂设施或非同一电源的低压配电线路。

3. 导线巡视的主要内容

（1）导线有无断股、损伤、烧伤、腐蚀的痕迹，绑扎线有无脱落、开裂，连接线夹螺栓是否紧固、有无跑线现象，7股导线中任意一股损伤深度不应超过该股导线直径的1/2，19股及以上导线任意一处的损伤不应超过3股。导线弧垂如图1-6所示。

图1-6　导线弧垂

（2）三相弛度是否平衡，有无过紧、过松现象，三相导线弛度误差不应超过设计值的-5%或+10%，一般档距内弛度相差不宜超过50 mm。

（3）导线连接部位是否良好，有无过热变色和严重腐蚀，连接线夹是否缺失。

（4）跳（档）线、引线有无损伤、断股、弯扭。

（5）导线的线间距离，过引线、引下线与邻相的过引线、引下线、导线之间的净空距离以及导线与拉线、杆塔或构件的距离是否符合规程中的相关规定。

（6）导线上有无抛扔物。

（7）架空绝缘导线有无过热、变形、起泡现象。

（8）过引线有无损伤、断股、松股、歪扭，与杆塔、构件及其他引线间距离是否符合规定。

4. 铁件、金具、绝缘子、附件巡视的主要内容

（1）铁横担与金具有无严重锈蚀、变形、磨损、起皮或出现严重麻点，锈蚀表面积不应超过 1/2，特别应注意检查金具经常活动、转动的部位和绝缘子串悬挂点的金具（图1-7）。

图1-7　横担、金具、绝缘子

（2）横担上下倾斜、左右偏斜不应大于横担长度的2%。

（3）螺栓是否松动，有无缺螺帽、销子，开口销及弹簧销有无锈蚀、断裂、脱落。

（4）线夹、连接器上有无锈蚀或过热现象（如接头变色、熔化痕迹等），连接线夹弹簧垫是否齐全、紧固。

（5）瓷质绝缘子有无损伤、裂纹和闪络痕迹，釉面剥落面积不应大于 $100~\mathrm{mm}^2$，合成绝缘子的绝缘介质是否龟裂、破损、脱落。

（6）铁脚、铁帽有无锈蚀、松动、弯曲偏斜。

（7）瓷横担、瓷顶担是否偏斜。

（8）绝缘子钢脚有无弯曲，铁件有无严重锈蚀，针式绝缘子是否歪斜。

（9）在同一绝缘等级内，绝缘子装设是否保持一致。

（10）支持绝缘子绑扎线有无松弛和开断现象；与绝缘导线直接接触的金具绝缘罩是否齐全，有无开裂、发热变色变形，接地环设置是否满足要求。

（11）铝包带、预绞丝有无滑动、断股或烧伤，防振锤有无移位、脱落、偏斜。

（12）驱鸟装置、故障指示器工作是否正常。

5. 拉线巡视的主要内容

（1）拉线有无断股、松弛、严重锈蚀和张力分配不匀等现象，拉线的受力角度是否适当，当一基电杆上装设多条拉线时，各条拉线的受力应一致。

（2）跨越道路的水平拉线，对地距离符合 DL/T 5220 相关规定要求，对路边缘的垂直距

离不应小于 6 m,跨越电车行车线的水平拉线,对路面的垂直距离不应小于 9 m。

(3)拉线棒有无严重锈蚀、变形、损伤及上拔现象,必要时应作局部开挖检查。

(4)拉线基础是否牢固,周围土壤有无突起、沉陷、缺土等现象。

(5)拉线绝缘子是否破损或缺少,对地距离是否符合要求。

(6)拉线不应设在妨碍交通(行人、车辆)或易被车撞的地方,无法避免时应设有明显警示标识或采取其他保护措施,穿越带电导线的拉线应加设拉线绝缘子。

(7)拉线杆是否损坏、开裂、起弓、拉直。

(8)拉线的抱箍、拉线棒、UT 型线夹、楔型线夹等金具铁件有无变形、锈蚀、松动或丢失现象。

(9)顶(撑)杆、拉线桩、保护桩(墩)等有无损坏、开裂等现象。

(10)拉线的 UT 型线夹有无被埋入土或废弃物堆中。

微课 1.4　配电线路
巡视内容(二)

6.配电变压器巡视的主要内容(图 1-8)

(1)变压器各部件接点接触是否良好,有无过热变色、烧熔现象,示温片是否熔化脱落。

(2)变压器套管是否清洁,有无裂纹、击穿、烧损和严重污秽,瓷套裙边损伤面积不应超过 100 mm^2。

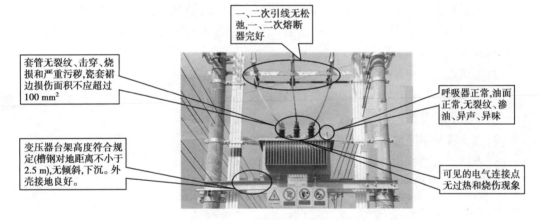

图 1-8　变压器巡视要点

(3)变压器油温、油色、油面是否正常,有无异声、异味,在正常情况下,上层油温不应超过 85°,最高不应超过 95°。

(4)各部位密封圈(垫)有无老化、开裂,缝隙有无渗、漏油现象,配变外壳有无脱漆、锈蚀,焊口有无裂纹、渗油。

(5)有载调压配变分接开关指示位置是否正确。

(6)呼吸器是否正常、有无堵塞,硅胶有无变色现象,绝缘罩是否齐全完好,全密封变压器的压力释放装置是否完好。

(7)变压器有无异常声音,是否存在重载、超载现象。

(8)标识标示是否齐全、清晰,铭牌和编号等是否完好。

(9)变压器台架高度是否符合规定,有无锈蚀、倾斜、下沉,木构件有无腐朽,砖、石结构台架有无裂缝和倒塌可能。

（10）地面安装变压器的围栏是否完好,平台坡度不应大于1/100。

（11）引线是否松弛,绝缘是否良好,相间或对构件的距离是否符合规定。

（12）温度控制器显示是否异常,巡视中应对温控装置进行自动和手动切换,观察风扇启停是否正常等。

7.防雷和接地装置巡视的主要内容(图1-9)

图1-9　防雷和接地装置

（1）避雷器本体及绝缘罩外观有无破损、开裂,有无闪络痕迹,表面是否脏污。

（2）避雷器上、下引线连接是否良好,引线与构架、导线的距离是否符合规定。

（3）避雷器支架是否歪斜,铁件有无锈蚀,固定是否牢固。

（4）带脱离装置的避雷器是否已动作。

（5）防雷金具等保护间隙有无烧损,锈蚀或被外物短接,间隙距离是否符合规定。

（6）接地线和接地体的连接是否可靠,接地线绝缘护套是否破损,接地体有无外露、严重锈蚀,在埋设范围内有无土方工程。

（7）设备接地电阻应满足要求。

（8）有避雷线的配电线路,其杆塔接地电阻应满足要求。

8.断路器和负荷开关巡视的主要内容(图1-10)

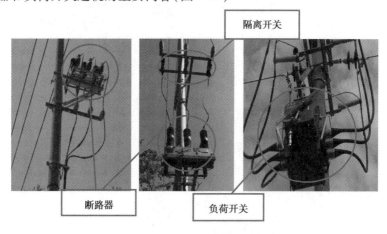

图1-10　断路器、负荷开关、隔离开关

（1）外壳有无渗、漏油和锈蚀现象。

（2）套管有无破损、裂纹和严重污染或放电闪络的痕迹。

（3）开关的固定是否牢固、是否下倾，支架是否歪斜、松动，引线接点和接地是否良好，线间和对地距离是否满足要求。

（4）各个电气连接点连接是否可靠，铜铝过渡线夹是否可靠，有无锈蚀、过热和烧损现象。

（5）气体绝缘开关的压力指示是否在允许范围内，油绝缘开关油位是否正常。

（6）开关分、合和储能位置指示是否完好、正确、清晰。

9. 隔离负荷开关、隔离开关（刀闸）、跌落式熔断器巡视的主要内容

（1）绝缘件有无裂纹、闪络、破损及严重污秽。

（2）熔丝管有无弯曲、变形。

（3）触头间接触是否良好，有无过热、烧损、熔化现象。

（4）各部件的组装是否良好，有无松动、脱落。

（5）引下线接点是否良好，与各部件间距是否合适。

（6）安装是否牢固，相间距离、倾角是否符合规定。

（7）操作机构有无锈蚀现象。

（8）隔离负荷开关的灭弧装置是否完好。

10. 柱上电容器巡视的主要内容

（1）绝缘件有无闪络、裂纹、破损和严重脏污。

（2）有无渗、漏油。

（3）外壳有无膨胀、锈蚀。

（4）接地是否良好。

（5）放电回路及各引线接线是否良好。

（6）带电导体与各部的间距是否合适。

（7）熔丝是否熔断。

11. 开关柜、配电柜巡视的主要内容

（1）开关分、合闸位置是否正确，与实际运行方式是否相符，控制把手与指示灯位置是否对应，SF_6 开关气体压力是否正常。

（2）开关防误闭锁是否完好，柜门关闭是否正常，油漆有无剥落。

（3）设备的各部件连接点接触是否良好，有无放电声，有无过热变色、烧熔现象，示温片是否熔化脱落。

（4）设备有无凝露，加热器、除湿装置是否处于良好状态。

（5）接地装置是否良好，有无严重锈蚀、损坏。

（6）母线排有无变色变形现象，绝缘件有无裂纹、损伤、放电痕迹。

（7）各种仪表、保护装置、信号装置是否正常。

（8）铭牌及标识标示是否齐全、清晰。

(9)模拟图板或一次接线图与现场是否一致。

（四）架空配电线路的防护

(1)架空线路的防护区是为了保证线路的安全运行和保障人民生活的正常供电而设置的安全区域,即导线两边线向外侧各水平延伸5 m并垂直于地面所形成的两平行面内;在厂矿、城镇等人口密集地区,架空电力线路保护区的区域可略小于上述规定,但各级电压导线边线延伸的距离,不应小于导线边线在最大计算弧垂及最大计算风偏后的水平距离和风偏后距建(构)筑物的安全距离之和。

(2)任何单位或个人不得在距架空电力线路杆塔、拉线基础外缘周围5 m的区域内进行取土、打桩、钻探、开挖或倾倒酸、碱、盐及其他有害化学物品的活动。

(3)运维单位需清除可能影响供电安全的物体时,如修剪、砍伐树(竹)及清理建(构)筑物等,应按有关规定和程序进行;修剪树(竹),应保证在修剪周期内树(竹)与导线的距离符合规程规定的数值。

(4)运维人员在遇到触电人身伤害及消除有可能造成严重后果的危急缺陷时,可先行采取必要措施,但事后应及时通知有关单位。

(5)在线路防护区内应按规定开辟线路通道,对新建线路和原有线路开辟的通道应严格按规定验收,并签订通道协议。

(6)当线路跨越主要通航江河时,应采取措施,设立标志,防止船桅碰线。

(7)在以下区域应按规定设置明显的警示标志:

①架空电力线路穿越人口密集、人员活动频繁的地区。

②车辆、机械频繁穿越架空电力线路的地段。

③电力线路上的变压器平台。

④临近道路的拉线。

⑤电力线路附近的鱼塘。

⑥杆塔脚钉、爬梯等。

微课1.5　特殊巡视

（五）架空配电线路巡视过程中应注意的安全事项

(1)巡线应派有线路工作经验的人担任,新工人不得单独巡线,特别是偏僻山区和夜间巡视必须由两人进行。特殊天气如暑天、大雪天等,也应由两人进行。

(2)单人巡线,禁止登杆上塔。两人巡线,如需登杆,应持有该线路的工作票。一人登杆,需绑好安全带,与带电导线保持安全距离,另一人在杆下监护。

(3)夜间巡线时应沿线路外侧,大风巡线时应沿上风侧前进,防止误碰断落导线。

(4)应始终认为线路带电,即使明知该线路已经停电,也应认为随时有送电的可能。

(5)导线断落地面或悬吊空中,应设法防止行人靠近断线点8 m以内,并迅速报告领导,等候处理。

（六）缺陷管理

设备缺陷分为线路本体、附属设施缺陷和外部隐患三大类,其具体内容如下:

(1)本体缺陷:组成线路本体的构件、附件、零部件,包括基础、杆塔、导地线、绝缘子、金具、接地装置等发生的缺陷。

（2）附属设施缺陷：附加在线路本体上的各类标志牌、警告牌及各种技术监测设备（例如雷电监测、绝缘子在线监测、防雷、防鸟装置等）出现的缺陷。

（3）外部隐患：外部环境变化对线路的安全运行已构成某种潜在性威胁的情况（如在线路保护区内兴建房屋、植树、堆物、取土、线下作业等对线路造成的影响）。

设备缺陷按其严重程度，分为三个级别：

（1）危急缺陷：缺陷已危及线路安全运行，随时可能导致线路事故的发生。此类缺陷必须尽快消除，或临时采取确保安全的技术措施进行处理，随后消除。危急缺陷的处理时限通常不应超过 24 小时，危急缺陷一经发现，运行维护单位应立即报本单位生产技术部门，运行主管单位组织制订处理方案或采取临时的安全技术措施，并组织实施。

（2）严重缺陷：缺陷对线路运行有严重威胁，短期内线路尚可维持运行。此类缺陷应在短时间内消除，消除前须加强监视。严重缺陷的处理时限一般不超过 7 天。

（3）一般缺陷：线路虽有缺陷，但在一定时期内对线路的安全运行影响不大，此类缺陷应列入年、季度检修计划中加以消除。一般缺陷的处理时限最迟不应超过一个检修周期。

运行维护单位应每月将危急缺陷和严重缺陷明细上报运行主管单位的生产技术部门备案，一般缺陷只报统计数。

新技术介绍：配电自动化

1. 配电自动化结构（图 1-11）

（1）配电自动化系统应包括配电主站、配电子站和配电远方终端。配电远方终端包括配电网馈线回路的柱上和开关柜馈线远方终端（FTU）、配电变压器远方监控终端（TTU）、开关站和配电站远方监控终端（DTU）、故障监测终端等。

（2）系统信息流程：配电远方终端实施数据采集、处理并上传至配电子站或配电主站，配电主站或子站通过信息查询、处理、分析、判断、计算与决策，实时对远方终端实施控制、调度命令并存储、显示、打印配电网信息，完成整个系统的测量、控制和调度管理。

2. 配电自动化功能

（1）配电主站应包括实时数据采集与监控功能：

①数据采集和监控包括数据采集、处理、传输，实时报警、状态监视、事件记录、遥控、定值远方切换、统计计算、事故追忆、历史数据存储、信息集成、趋势曲线和制表打印等功能；②馈电线路自动化正常运行状态下，能实现运行电量参数遥测、设备状态遥信、开关设备的遥控、保护、自动装置定值的远方整定以及电容器的远方投切。事故状态下，实现故障区段的自动定位、自动隔离、供电电源的转移及供电恢复。

（2）配电子站应具有数据采集、汇集处理与转发、传输、控制、故障处理和通信监视等功能。

（3）配电远方终端应具有数据采集、传输、控制等功能。也可具备远程维护和后备电池高级管理等功能。

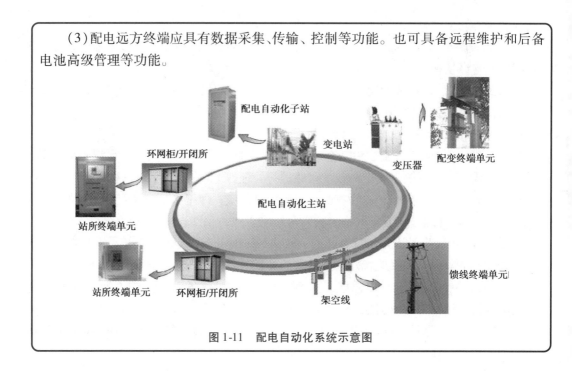

图 1-11　配电自动化系统示意图

【任务实施】

（一）工作准备

（1）课前预习相关知识部分，根据 10 kV 配电线路的运行规程的要求，经班组认真讨论后制定 10 kV 配电线路定期巡视作业指导书（巡视卡）。

（2）填写任务工单的咨询、决策、计划部分。

（二）操作步骤

（1）接受工作任务，填写派工单。

（2）填写工作流程。

（3）准备巡视用的工器具和必备的零配件。

（4）各小组站队"三交"。

（5）危险点分析与控制（填写风险辨识卡）。

（6）巡视用的工器具和必备的零配件检查。

（7）分组对正在运行的××10 kV 配电线路进行定期巡视，并记录巡视内容。

（8）巡视工作任务完成，工器具、备品备件入库，汇报班长，资料归档。

任务工单

任务描述:按照××电力公司 10 kV 配电线路运行规程的要求,对正在运行的××10 kV 配电线路进行定期巡视,记录巡视内容并进行汇报。

1. 咨询(课外完成)

(1)QGDW 1519—2014《配电网运维规程》对巡视的分类和周期是如何规定的?

(2)对配电线路运维的分界点有什么规定?

(3)何为架空电力线路的保护区?

(4)为什么要进行夜间巡视?其主要检查内容有哪些?

2. 决策(课外完成)

(1)岗位划分:

班 组	岗 位				
	班 长	工作负责人	工作班成员	工作班成员	资料管理员

(2)编制 10 kV 配电线路正常巡视标准化作业指导书(或作业卡)。

①巡视的线路名称和线路起止杆号。

②所需工器具及材料准备。

③危险点分析与控制措施。

④正常巡视内容及标准。

⑤巡线缺陷记录表。

3. 现场操作

由学生现场操作。

4. 检查及评价

考评项目		自我评估	组长评估	教师评估	备 注
素质考评 20%	劳动纪律 5%				
	积极主动 5%				
	协作精神 5%				
	贡献大小 5%				
工单考评 20%					
操作考评 60%					
综合评价 100 分					

任务 1.2　10 kV 架空配电线路故障巡视

【教学目标】

1. 知识目标
(1)熟悉 10 kV 配电线路的运行方式。
(2)了解 10 kV 配电线路的继电保护知识。
(3)掌握 10 kV 配电线路定期巡视的内容及要求。
2. 能力目标
(1)能根据现场需要,编制 10 kV 配电线路故障巡视作业指导书(作业卡)。
(2)根据线路巡视工作任务准备工器具及相关零配件。
(3)知晓线路故障找寻方法。
3. 素质目标
(1)能主动学习,在完成任务过程中发现问题、分析问题和解决问题。
(2)能与小组成员协商、交流配合完成本次学习任务。
(3)严格遵守安全规范。

【任务描述】

任务名称:10 kV 架空配电线路故障巡视。
任务内容:接配电线路故障通知,某城区有一条 10 kV 架空配电线路故障跳闸,此条线路配有三段式电流保护(电流速断、限时电流速断和过电流保护),第三段保护动作。根据保护动作情况对线路进行故障巡视,查找故障点,做好安全措施,汇报调度。
(1)班级学生自由组合,形成几个 6 人组成的线路运行班,各线路运行班自行选出班长和副班长。
(2)线路巡视班长召集组员利用课外时间收集有关 10 kV 架空配电线路故障判断与查询的资料,编制 10 kV 配电线路故障巡视作业指导书,并填写任务工单相关内容。
(3)讨论制订实施计划。
(4)各线路巡视小组按照实施计划进行配电线路定期巡视工作。
(5)各线路运行班组针对实施过程中存在的问题进行讨论、修改,填写运行总结分析卡并完善任务工单。

微课1.6 线路故障
缺陷处理

【相关知识】

一、理论咨询

10 kV配电网络涉及面广、影响面大,是重要的公用基础设施,它直接关系到工农业生产、市政建设及广大人民生活等安全可靠供电的需要。如何正确有效地判断、查找、处理配电线路故障,及时恢复供电就尤为重要。

（一）故障分类

（1）短路故障:分为线路瞬时性短路故障(一般是断路器重合闸成功)、线路永久性短路故障(一般是断路器重合闸不成功)。

（2）接地故障:包括线路瞬时性接地故障、线路永久性接地故障。

（二）故障形成原因

（1）竹树木、小动物、外力破坏或异物搭线短路接地。有可能是过高竹树木、飘落物搭线、外力破坏引起短路接地;小动物触碰跌落式熔断器、避雷器、变压器接线柱等设备造成短路接地;高压电缆分支箱、高压配电柜等设备封堵不足,小动物进入设备造成短路接地等。

（2）设备绝缘损坏对地放电。有可能是线路隔离开关、跌落式熔断器因绝缘老化击穿引起;线路避雷器爆炸引起,多发生在雷雨季节;直击雷导致线路绝缘子炸裂,线路断线,多发生在雷雨季节;线路绝缘子老化或存在缺陷击穿引起,多发生在污秽较严重的沿海地区等。

（3）雷击过电压等恶劣天气引起接地。有可能是雷击过电压造成线路设备对地放电,引起接地故障;线路绝缘子脏污,在阴雨天或有雾湿度高的天气,出现对地闪络,一般在天气转好或大雨过后即消失。

（三）故障处理要求

（1）故障处理应遵循保人身、保电网、保设备的原则,尽快查明故障地点和原因,消除故障根源,防止故障的扩大,及时恢复用户供电。

（2）故障处理前,应采取措施防止行人接近故障线路和设备,避免发生人身伤亡事故。

微课1.7 架空线路
故障查找处理（上）

（3）故障处理时,应尽量缩小故障停电范围和减少故障损失。

（4）多处故障时处理顺序是:先主干线后分支线,先公用变压器后专用变压器。

（5）对故障停电用户恢复供电顺序为:先重要用户后一般用户,优先恢复带一、二级负荷的用户供电。

（6）对于配置故障指示器的线路,宜应用故障指示器,从电源侧开始逐步定位故障区段进行故障查找和处理;对于配置馈线自动化的线路,可根据配电自动化系统信息,直接在故障区段进行故障查找和处理。

(四)故障查找原则

中性点小电流接地系统发生永久性接地故障时,应利用各种技术手段,快速判断并切除故障线路或故障段,在无法短时间查找到故障点的情况下,宜停电查找故障点,必要时可用柱上开关或其他设备,从首端至末端、先主线后分支,采取逐段逐级拉合的方式进行排查,对经巡查没有发现故障的线路,可以在断开分支线断路器后,先试送电,然后逐级查找恢复没有故障的其他线路。线路上的熔断器熔断或柱上断路器跳闸后,不得盲目试送,应详细检查线路和有关设备,确无问题后方可恢复送电。线路故障跳闸但重合闸成功,运维单位应尽快查明原因。已发现的短路故障修复后,应检查故障点电源侧所有连接点(跳挡,搭头线),确无问题方可恢复送电。

1. 短路故障的查找

一条 10 kV 线路主干线及各分支线一般都装设柱上断路器保护,按理论上来讲,如果各级开关时限整定配合得很好,那么故障段就很容易判断查找。在发生变电站断路器跳闸的时候,首先应查看主干线柱上分段断路器及各分支线柱上断路器是否跳闸,然后对跳闸后的线路,对照上面讲过的可能发生的各种故障进行逐级查找,直到查出故障点。还有一点,就是当查出故障点后,即认为对故障点进行抢修后,线路就可以恢复供电,而中止了线路巡查,这样是非常错误的。因为当线路发生短路故障时,短路电流还要流经故障点上面的线路,所以对线路中的薄弱环节,如线路分段点、断路器 T 接点、引跳线,会造成冲击而引起断线,所以还应对有短路电流通过的线路全面认真巡查一遍。

2. 接地故障的查找

线路永久性接地故障点的查找,可以按照上面所讲的在确定接地故障段后,根据它可能形成的原因和各种环境因素进行查找,而对瞬时性接地故障则只能是对全线进行查找。在故障巡查过程中对架空线路经过的一些特殊地段,如采石场、施工工地等要特别留意,因为外力破坏造成的钩机碰线、吊车碰线等,都有可能是引起线路故障的起因,所以在线路故障巡查的时候,要加倍小心,不放过任何蛛丝马迹。

线路故障的发现除靠自己查找外,还有很多故障信息是来自广大群众的积极反馈,在处理故障的过程中,要收集一切有用的故障信息,采用询问当地居民的方法加以判定。

(五)故障判断查找

(1)判定故障技巧:

①通过采集配网自动化系统的开关动作信息、故障指示器翻牌动作信息,明确线路故障范围和性质。

②当线路发生永久性故障,可使用摇表测量线路绝缘电阻,再次确定故障性质。

微课 1.8　架空线路
故障查找处理(下)

③根据巡视记录、环境特点和客户反映,优先巡查这些隐患点。

④对于瞬时故障(一次重合闸成功),切实到线路的一杆一基塔,使用红外测温仪和望远镜巡查缺陷,避免缺陷恶化造成再一次跳闸。

（2）查看架空导线。是否有树木、异物压在导线上面或距离太近；导线扎线、接头、引下线是否烧断；导线是否有烧伤痕迹，导线无断线并坠落地面。

（3）查看设备。查看配变上及周边地下是否有遭受电击的小动物；看瓷瓶、避雷器、隔离开关绝缘部分是否被击穿；看跌落式熔断器的熔丝是否熔断。

（4）查看避雷器是否有爆炸，是否有炸裂，是否有裂纹。

（5）查看跌落式熔断器。熔管是否跌落，熔丝是否熔断；本体是否损坏；支持绝缘子是否有爆裂，是否有裂纹。

（6）查看绝缘子及横担。绝缘子是否有闪络、放电痕迹；玻璃绝缘子是否自爆、掉串；瓷横担、悬式绝缘子是否爆裂；横担是否变形。

（7）查看开关设备本身是否存在故障。开关设备上是否有异物飘挂；开关设备本体、接线端子和过引线是否有闪络、放电痕迹；开关设备支持绝缘子是否爆裂、是否有裂纹。

（六）故障统计与分析

（1）故障发生后，运维单位应及时从责任、技术等方面分析故障原因，制订防范措施，并按规定完成分析报告与分类统计上报工作。

（2）故障分析报告主要内容：

①故障情况，包括系统运行方式、故障及修复过程、相关保护动作信息、负荷损失情况等；

②故障基本信息，包括线路或设备名称、投运时间、制造厂家、规格型号、施工单位等。

③原因分析，包括故障部位、故障性质、故障原因等。

④暴露出的问题，采取的应对措施等。

二、实践咨询

1. 配电线路故障时主要巡视检查内容

（1）沿线防护区内草堆、木材堆和树枝与天线，附近植树、挖渠、土石方爆破开挖、射击，以及洪水淹没电杆等异常情况。

（2）电杆及其部件歪斜变形或开裂情况，电杆上鸟巢及其他杂物，电杆基础下沉、电杆各部件的连接牢固、螺丝松动或锈蚀等情况。

（3）导线锈蚀、断股、损伤或闪络烧伤的痕迹，导线对地、对交叉设施及其他构筑物间的距离是否符合有关规定，导线接头松动变形等。

（4）绝缘子脏污、裂纹和偏斜，金具及针式绝缘子铁脚等锈蚀、松动、缺少螺丝及开口销脱出丢失情况。

（5）保护间隙变形、锈蚀和烧伤情况，接地引下线断股、损伤情况，引下线连接点是否牢固，各部瓷件脏污、裂纹和损坏情况。

（6）电杆拉线锈蚀、松弛、断股和受力不均的情况，拉线棒、楔形及 UT 型线夹、抱箍等连接件有无锈蚀、松动或损坏。

（7）交叉跨越点巡视内容：有无新增交叉跨越点，跨越距离是否满足要求，原交叉跨越点有无危及线路安全运行的现象;防护措施是否完善。

2.配电线路故障时重点巡视检查内容

(1)开关巡视内容:外壳锈蚀现象(油开关有无渗、漏油痕迹);套管破损、裂纹、严重脏污和闪络放电痕迹;开关固定是否牢固;引线接点和接地是否良好;线间和对地距离是否满足安全距离;油开关油位是否正常;开关分合闸位置指示是否正确清晰。

(2)变压器巡视内容:油位、油色是否正常,有无漏油、异味;声音是否正常;套管是否清洁,有无硬伤、裂纹、严重脏污和闪络;接头接点有无过热、烧伤、锈蚀;高压瓷头引出线之间及对地距离应不小于200 mm;跌落式熔断器、刀闸、避雷器、绝缘子是否完好;变压器外壳是否接地,接地是否完好;变压器有无倾斜,电杆有无下沉;变压器上有无搭落金属丝、树枝、杂草等物。

(3)接点巡视内容:夜巡时检查接点有无发热、打火现象。白天巡视应检查接点有无电化腐蚀现象,线夹有无松动、锈蚀,有无过热现象(接头金属变色、绝缘护罩变形),利用红外线测温仪进行检测。

(4)电容器巡视内容:380 V电容器应重点巡视,投入指示灯指示是否正常;对地距离是否满足要求,构架及互感器安装是否牢固,接地是否良好;接点及引线是否良好;开关、熔断器是否正常完好。10 kV电容器有无破损、裂纹、严重脏污和闪络放电痕迹;外壳有无鼓肚、锈蚀,有无渗、漏油痕迹;放电回路、引线接点和接地是否良好;带电导体间和带电导体对地距离是否足够;开关、熔断器是否正常完好;并联电容器的单台熔丝是否熔断;串联补偿电容器的保护间隙有无变形、异常和放电痕迹。当发生电容器爆炸、喷油漏油、起火、鼓肚;套管破损、裂纹、闪络,接头过热融化;单台熔丝融化;内部有异常响声时,应立即停止运行并向上级汇报。

【拓展知识】

1.电力系统运行方式

电力系统中,为使系统安全、经济、合理运行,或者满足检修工作的要求,需要经常变更系统的运行方式,由此相应地引起了系统参数的变化。在设计变、配电站选择开关电器和确定继电保护装置整定值时,往往需要根据电力系统不同运行方式下的短路电流值来计算和校验所选用电器的稳定度和继电保护装置的灵敏度。

最大运行方式,是系统在该方式下运行时具有最小的短路阻抗值,发生短路后产生的短路电流最大的一种运行方式。一般根据系统最大运行方式的短路电流值来校验所选用的开关电器的稳定性。

最小运行方式,是系统在该方式下运行时具有最大的短路阻抗值,发生短路后产生的短路电流最小的一种运行方式。一般根据系统最小运行方式的短路电流值来校验继电保护装置的灵敏度。

2.三段式电流保护

电力系统的线路或元件发生故障时,故障点越靠近电源,短路电流越大。利用这一特点,可构成电流保护。仅反映电流增大而瞬时动作的电流保护,称为电流速断保护。它的保护范围受系统运行方式的影响较大,不可能保护线路的全长;为了保护线路全长,通常采用略带时限的电流速断与相邻线路的速断保护相配合,其保护范围包括本线路的全部和相邻线路的一部分,其时限比相邻线路的速断保护大 $\Delta t(0.5\ \mathrm{s})$;电流速断保护和限时电流速断保护可构成线路的主保护。过流保护是按躲开最大负荷电流来整定的一种保护装置,可作为本线路和相邻线路的后备保护,定时限过流保护的动作时限比相邻线路的动作时限均大至少一个 Δt。以上三种保护组合在一起,构成阶段式电流保护,即三段式电流保护。具体应用时,只采用电流速断保护和限时电流速断保护,或限时电流速断保护和定时限过流保护的方式,也可三者同时采用。

> **新技术介绍:可视化智能运检系统**
>
> 通道可视化是实现架空线路运维"立体巡检+全景监控"体系的重要组成部分。利用在线路杆塔上安装可视化设备采集现场数据,实现架空线路通道可视化;可根据现场风险隐患等级调整照片采集时间间隔,部署智能识别算法,全面管控通道风险;采用"智能识别+人工筛选"的监控模式,分级发布告警信息;能够有效防范外力破坏、山火引发的线路跳闸事件。

【任务实施】

(一)工作准备

(1)课前预习相关知识部分,根据 10 kV 架空配电线路运行管理要求,经班组认真讨论后制定 10 kV 架空配电线路故障巡视作业指导书(作业卡)。

(2)填写任务工单的咨询、决策、计划部分。

(二)操作步骤

(1)接受工作任务,填写派工单。

(2)准备巡视用的工器具和必备的零配件。

(3)各小组站队"三交"。

(4)危险点分析与控制(填写风险辨识卡)。

(5)检查巡视用的工器具和必备的零配件。

(6)分组对××10 kV 架空配电线路进行故障巡视,并记录巡视内容。

(7)巡视工作任务完成,工器具、备品备件入库,汇报班长,资料归档。

任务工单

任务描述:接通知,某城区有一条 10 kV 架空配电线路故障跳闸,此条线路配有三段式电流保护(即电流速断、限时电流速断和过电流保护),第三段保护动作。根据保护动作情况对线路进行故障巡视,查找故障点,做好安全措施,汇报调度。

1. 咨询(课外完成)

(1)如何执行线路故障巡视时始终认为线路带电的规定?

(2)线路故障巡视时为什么要全线分段、分组巡视?

2. 决策(课外完成)

(1)岗位划分:

班　组	岗　位				
	班　长	工作负责人	工作班成员	工作班成员	资料管理员

(2)编制 10 kV 配电线路故障巡视标准化作业指导书(作业卡)。

①巡视的线路名称。

②所需工器具及材料准备。

③危险点分析与控制措施。

④巡视内容及标准。

⑤巡线缺陷记录表。

3. 现场操作

由学生现场操作。

4. 检查及评价

考评项目		自我评估	组长评估	教师评估	备　注
素质考评 20%	劳动纪律 5%				
	积极主动 5%				
	协作精神 5%				
	贡献大小 5%				
工单考评 20%					
操作考评 60%					
综合评价 100 分					

任务 1.3　10 kV 架空配电线路倒闸操作

【教学目标】

1. 知识目标

(1) 熟悉 10 kV 配电设备的作用及运行要求。

(2) 掌握 10 kV 配电线路倒闸操作的原则。

2. 能力目标

(1) 能填写第一种工作票。

(2) 能填写配电线路倒闸操作票。

(3) 能熟练掌握配电线路倒闸操作的工作流程及标准化作业要求。

3. 素质目标

(1) 能主动学习,在完成任务过程中发现问题、分析问题和解决问题。

(2) 能与小组成员协商、交流配合完成本学习任务。

(3) 严格遵守安全规范。

【任务描述】

任务名称:10 kV 配电线路两侧装有三相分离式隔离开关的柱上断路器停电操作(运行

转冷备用）

任务内容:接上级通知,××线10 kV配电线路由运行转冷备用,填写操作票、审批、操作汇报。

(1)班级学生自由组合,形成几个6人组成的线路运行班,各线路运行班自行选出班长和副班长。

(2)班长召集班员利用课外时间认真分析电力公司《10 kV配电线路运行规程》和《电力设施保护条例实施细则》,填写操作票和任务工单相关内容。

(3)讨论制订实施计划。

(4)各线路运行班按照实施计划在××线10 kV配电线路由运行转冷备用操作。

(5)各线路运行班针对实施过程中存在的问题进行讨论、修改,填写运行总结分析卡并完善任务工单。

【相关知识】

一、理论咨询

架空配电线路倒闸操作即对架空配电线路上连接的设备进行操作。架空配电线路上的常见设备有柱上断路器(真空断路器、SF_6断路器、油断路器)、隔离开关、负荷开关、跌落式熔断器等。

1.柱上断路器的操作

配电线路用柱上断路器又称为柱上开关,它是一种可以在正常情况下切断或接通线路,并在线路发生短路故障时,通过操作或在继电保护装置的作用下,将故障线路手动或自动切断的开关设备,它没有明显的断开点,通常与隔离开关配合使用。柱上断路器按不同的灭弧介质,可分为油、SF_6、真空三种形式,目前配电线路上主要使用的是真空和SF_6断路器。

操作柱上断路器至少应由两人进行,应使用与线路额定电压相符,并经试验合格的绝缘棒,操作人员应戴绝缘手套。雨天操作时,为满足绝缘要求,应使用带有防雨罩的绝缘棒。登杆前,应根据操作票上的操作任务,核对线路双重编号、线路名称。

停电操作时,先拉开断路器,确认断路器在断开位置后,再拉开隔离开关,确认隔离开关在断开位置。送电时先合上隔离开关(双侧装有隔离开关时先合电源侧,后合负荷侧),确认隔离开关在合闸位置后,再合上断路器,确认断路器在合闸位置。

2.负荷开关的操作

负荷开关是介于断路器和隔离开关之间的电气设备。它与隔离开关相同之处是在开断的情况下有明显的断开点,不同之处是它有特殊的灭弧装置,可切断或闭合正常的负荷电流,但不能像断路器那样可以切断短路电流。一般情况下,负荷开关与熔断器配合使用,可以借助熔断器的熔断达到切断短路电流的目的。

操作柱上负荷开关至少应由两人进行,应使用与线路额定电压相符,并经试验合格的绝缘棒,操作人员应戴绝缘手套。雨天操作时,为满足绝缘要求,应使用带有防雨罩的绝缘棒。登杆前,应根据操作票上的操作任务,核对线路双重编号、线路名称。

停电操作时,先拉开负荷开关,确认负荷开关在断开位置后,再拉开熔断器。送电时先合上熔断器,确认确已合好后,再合上负荷开关,确认负荷开关在合闸位置。

3. 隔离开关的操作

隔离开关俗称隔离刀闸,用于在检修时隔离带电部分,保证检修部分与带电部分之间有足够的、明显的空气绝缘间隔。隔离开关一般和断路器配合使用,只能在电路被断开的情况下进行合闸或分闸操作。

操作隔离开关至少应由两人进行,应使用与线路额定电压相符并经试验合格的绝缘棒,操作人员应戴绝缘手套。雨天操作时,为满足绝缘要求,应使用带有防雨罩的绝缘棒。登杆前,应根据操作票上的操作任务,核对线路双重编号、线路名称。

隔离开关不管是合闸还是分闸,严禁在带负荷的情况下进行操作。操作前必须检查与之串联的断路器,应确认在断开位置。如果发生了带负荷分或合隔离开关的误操作,则应冷静地避免可能发生的另一种反方向的误操作,即:已发生带负荷误合闸后,不得再立即拉开;当发现带负荷分闸时,若已拉开,不得再合(若刚拉开,即发现有火花产生时,可立即合上)。

4. 跌落式熔断器的操作

跌落式熔断器是装于户外用来保护变压器等电气设备的一种电器。这种熔断器的熔体装在能分解气体的熔管内,它串联在电路中,正常情况下相当于一根导线,电路一旦发生故障或出现过负荷,大电流通过熔体,熔体受热熔化,熔管依靠重力和接触部分的弹力跌落下来,电弧被迅速拉长,加之气体的灭弧作用,电弧被很快熄灭,从而将电路切断。

微课1.9　拉合跌落式熔断器

拉、合跌落式熔断器时,应使用与线路额定电压相符并经试验合格的绝缘棒,操作人员应戴绝缘手套。雨天操作时,为满足绝缘要求,应使用带有防雨罩的绝缘棒。登杆前,应根据操作票上的操作任务,核对线路双重编号、线路名称。

带负荷拉、合跌落式熔断器时会产生电弧,负荷电流越大电弧也越大,所以操作跌落式熔断器只能在设备、线路空载或较小的负载情况下进行。拉、合跌落式熔断器应迅速果断,但用力不能过猛,以免损坏跌落式熔断器。跌落式熔断器停、送电操作应逐相进行。

二、实践咨询

（一）配电线路倒闸操作的原则

1. 倒闸操作票的填写

（1）操作票应用黑色或蓝色的钢（水）笔或圆珠笔逐项填写。用手写格式票面应与计算机开出的操作票统一。操作票票面应清楚整洁，不得任意涂改。

（2）操作票应填写设备双重名称，即设备名称和编号。填写操作票严禁并项、添项及用勾划的方法颠倒操作顺序。开关、刀闸、接地刀闸、接地线、压板、切换开关、熔断器等均应视为独立的操作对象，单独列项。

（3）每张操作票只能填写一个操作任务。一个操作任务需连续使用几页操作票时，则在前一页"备注"栏内注明"接下页"，在后一页的"操作任务"栏内注明"接上页"。

（4）下列项目应填入操作票内：

①应拉合的设备（开关、刀闸、接地刀闸、熔断器等），验电，装拆接地线，检验是否确无电压等；

②拉合设备（开关、刀闸、接地刀闸、熔断器等）后检查设备的位置；

③进行停、送电操作时，在拉合刀闸、手车式开关拉出、推入前，检查开关确在分闸位置；

④设备检修后合闸送电前，检查送电范围内接地刀闸（装置）已拉开，接地线已拆除。

事故应急处理和拉合断路器的单一操作可不使用操作票。操作人和监护人应根据模拟图或接线图核对所填写的操作项目，并分别签名。

2. 倒闸操作基本步骤

（1）接受调度预令，拟票：

①接受调度预令，应由有资质的配电网运维人员进行，一般由监护人进行；

②接受调度指令时，应做好录音；

③对指令有疑问时，应向当值调度员报告，由当值调度员决定原调度指令是否执行；当执行该项指令将威胁人身、设备安全或直接造成停电事故时，应拒绝执行，并将拒绝执行指令的理由，报告当值调度员和本单位领导；

④接令人向拟票人布置开票，拟票人依据实际运行方式、相关图纸、资料和工作票安全措施要求等进行开票，审核无误后签名。

（2）审核操作票：

①监护人对操作票进行全面审核，确认无误后签名；复杂操作应由配电网管理人员审核操作票；

②审核时发现操作票有误即作废操作票，令拟票人重新填写操作票，再履行审票手续。

（3）明确操作目的，做好危险点分析和预控：

微课 1.10　审核环网柜的操作票

①监护人应向操作人明确本次操作的目的和预定操作时间;

②监护人应组织查阅危险点预控资料,分析本次操作过程中的危险点,提出针对性预控措施。

(4)接受正令,模拟预演:

①调度操作正令应由有资质的配电网运维人员接令,一般由监护人接令;现场操作人员没有接到发令时间不得进行操作;

②接受调度指令时,应做好录音;

③接令人在操作票上填写发令人、接令人、发令时间,并向操作人当面布置操作任务,交代危险点及控制措施;

④操作人复诵无误,在监护人、操作人签名后,准备相应的安全、操作工器具;

⑤监护人逐项唱票,操作人逐项复诵,模拟预演。

(5)核对设备命名和状态:

①监护人记录操作开始时间;

②操作人找到操作设备命名牌,监护人核对无误。

(6)逐项唱票复诵,操作并勾票:

①监护人应按操作票的顺序,高声唱票;操作人复诵无误后,进行操作,并检查设备状况;

②监护人逐步打"√";

③操作完毕,监护人记录操作结束时间。

(7)向调度汇报操作结束及时间:

①监护人检查操作票已正确执行;

②汇报调度应由有资质的配电网运维人员进行,原则上由原接正令人员向调度汇报,并做好相应记录。

(8)更改图板指示,签销操作票,复查评价:

①操作人更改图板指示或核对一次系统图,监护人监视并核查;

②全部任务操作完毕后,由监护人在规定位置盖"已执行"章,做好记录,并对整个操作过程进行评价。

3. 倒闸操作的注意事项

倒闸操作前,应按操作票顺序在模拟图或接线图上预演核对无误后执行。

操作前、后,都应检查核对现场设备名称、编号和断路器、隔离开关的断、合位置。电气设备操作后的位置检查应以设备实际位置为准,无法看到实际位置时,可通过设备机械指示位置、电气指示、仪表及各种遥测、遥控信号的变化,且至少应有两个及以上的指示同时发生对应变化,才能确认该设备已操作到位。

倒闸操作应由两人进行,一人操作,一人监护,并认真执行唱票、复诵制。发布指令和复诵指令都要严肃认真,使用规范术语,准确清晰,按操作顺序逐项操作。每操作完一项,应检查无误后,在操作票的对应栏内做一个"√"记号。操作中产生疑问时,不准擅自更改操作票,应向操作发令人询问清楚后再进行操作。操作完毕,接令人应立即汇报发令人。

操作机械传动的断路器或隔离开关时应戴绝缘手套。没有机械传动的断路器、隔离开关和跌落式熔断器,应使用合格的绝缘棒进行操作。雨天操作应使用有防雨罩的绝缘棒,并戴绝缘手套。

操作柱上断路器时,应有防止断路器爆炸时伤人的措施。

更换配电变压器跌落式熔断器的熔丝时,应先将低压隔离开关和高压隔离开关或跌落式熔断器拉开。摘挂跌落式熔断器的熔管时,应使用绝缘棒,并应有专人监护,其他人员不得触及设备。

雷电时,严禁进行倒闸操作和更换熔丝工作。

如发生严重危及人身安全情况,可不等待指令即行断开电源,但事后应立即报告调度或设备运行管理单位。

(二)操作柱上断路器、隔离开关的要求

1. 一般要求

拉合柱上断路器、隔离开关至少应由两人进行,应使用与线路额定电压相符并经试验合格的绝缘棒,操作人员应戴绝缘手套。雨天操作时,为满足绝缘要求,应使用带有防雨罩的绝缘棒。登杆前,应根据操作票上的操作任务,核对线路双重编号、线路名称。

2. 操作顺序

(1)停电操作顺序。

①一侧装有隔离开关的断路器的操作:先拉开断路器,确认断路器在断开位置后,再拉开隔离开关,确认隔离开关在断开位置后及时悬挂"严禁合闸,线路有人工作"警示牌。

②双侧装有隔离开关的断路器的操作。先拉开断路器,确认断路器在断开位置后,再拉开负荷侧隔离开关,确认隔离开关在断开位置,再拉开电源侧隔离开关,确认隔离开关在断开位置后及时悬挂"严禁合闸,线路有人工作"警示牌。

(2)送电操作顺序。

先合上隔离开关(双侧装有隔离开关时先合电源侧,后合负荷侧),确认隔离开关在合闸位置后,再合上断路器,确认断路器在合闸位置。

3. 危险点预控及安全注意事项

操作柱上断路器、隔离开关的危险点预控及安全注意事项见表1-2。

表1-2　操作柱上断路器、隔离开关的危险点预控及安全注意事项

触电	(1)操作机械传动的断路器或隔离开关应戴绝缘手套,操作没有机械传动的断路器或隔离开关时,应使用同电压等级且试验合格的绝缘杆,雨天操作应使用有防雨罩的绝缘杆。 (2)雷电时严禁进行断路器倒闸操作。 (3)登杆操作时,操作人员严禁穿越和碰触低压线路。 (4)杆上同时有隔离开关和断路器时,应先拉断路器再拉隔离开关,送电时与此相反。 (5)送电前,必须确定挂在线路上的地线全部拆除。 (6)负荷开关主触头不同期时,严禁进行操作。

续表

高处坠落	(1)操作时操作人和监护人应戴好安全帽,登杆操作应系好安全带。 (2)登杆前检查杆根、登杆工具有无问题,冬季应采取防滑措施。
其　他	(1)倒闸操作要执行操作票制度(除事故处理),严禁无票操作。 (2)倒闸操作应由两人进行,一人操作、一人监护。 (3)操作前根据操作票认真核对所操作设备的名称、编号和实际状态。 (4)操作时严格按操作票执行,禁止跳项、漏项。 (5)操作油断路器时,应在地面安全距离外进行操作,杆上操作时操作人员应站在断路器的背侧,防止断路器爆炸伤人。 (6)操作SF₆断路器前先检查断路器气压表(≥0.2 MPa),压力是否在允许操作范围内。 (7)操作人员操作时,尽量避免站在断路器正下方。

新技术介绍:特高压

2020年3月,中共中央政治局常务委员会召开会议,提出加快包括5G基站、特高压、城际高速铁路及城际轨道交通、新能源汽车充电桩、大数据中心、人工智能和工业互联网等七大领域的新型基础设施建设进度。"特高压"赫然在列。

什么是特高压?特高压是指1 000千伏交流和±800千伏及以上直流输电技术,在碳达峰、碳中和的大背景下,作为一种"能干活、实惠多"的绿色高效输电技术,具有输电距离远、容量大、效率高、损耗低、单位造价低、占地省等诸多优势,能够有效解决能源超远距离、超大规模的传输。作为一种超远距离输电技术,特高压可以将输送电压提升至居民用电电压的5 000倍,不仅实现超大功率、超长距离送电,同时损耗可降至极低。

为什么要建特高压?能源富集地区距离电力需求中心通常在1 000~4 000千米左右,按照万兆瓦级电能折算成标准煤约500万吨,大概需用1000辆拉煤车昼夜不停跑2个月到1年。特高压不仅是新的输电技术,更是新的资源配置平台、新的低碳发展道路。特高压输电网架已成为中国"西电东送、北电南供、水火互济、风光互补"以及大型新能源基地实现能源运输的"主动脉",破解了我国电力发展深层次矛盾,有力推动了能源清洁低碳转型。

特高压在中国。20世纪70年代起,美国、苏联、日本等国家开始研究特高压技术,但均未取得商业运行经验。直到2009年的世界第一条1 000千伏交流特高压工程,2010年的世界第一条±800千伏直流特高压工程,在中国先后投入商业运行,标志着中国电网技术已经昂首走在世界前列,实现了从"跟跑"到"领跑"的飞跃,中国无可争议地成为世界电力强国,站上了输电技术巅峰。

截至2020年底,中国已建成"14交16直"、在建"2交3直"共35个特高压工程,在运在建特高压线路总长度达到4.8万千米,特高压早已由点、线连结成了坚强的骨干网架,为我国经济社会高质量发展提供了低碳、绿色的能源保障。

【任务实施】

（一）工作准备

（1）课前预习相关知识部分,经班组认真讨论后填写 10 kV 配电线路由运行转冷备用操作票。

（2）填写任务工单的咨询、决策、计划部分。

（二）操作步骤

（1）接受工作任务,填写派工单。

（2）登录 SG186 系统,填写工作流程。

（3）准备 10 kV 配电线路由运行转冷备用操作的工器具。

（4）各小组站队"三交"。

（5）危险点分析与控制(填写风险辨识卡)。

（6）工器具的检查。

（7）分组对 10 kV 配电线路由运行转冷备用操作,并汇报。

（8）巡视工作任务完成,工器具、备品备件入库,汇报班长,资料归档。

任务工单

任务描述:接上级通知,××线 10 kV 配电线路由运行转冷备用,填写操作票、审批、操作汇报。

1.咨询(课外完成)

(1)如何填写倒闸操作票?

(2)操作跌落式熔断器的顺序是怎样规定的?

2.决策(课外完成)

(1)岗位划分:

班　　组	岗　位				
	班　长	工作负责人	工作班成员	工作班成员	资料管理员

（2）开第一种工作票，填写××线 10 kV 配电线路由运行转冷备用操作票。

①停电线路名称、杆号和设备编号。

②所需工器具及材料准备。

③危险点分析与控制措施。

3. 现场操作

由学生现场操作。

4. 检查及评价

考评项目		自我评估	组长评估	教师评估	备　注
素质考评 20%	劳动纪律 5%				
	积极主动 5%				
	协作精神 5%				
	贡献大小 5%				
工单考评 20%					
操作考评 60%					
综合评价 100 分					

项目2　配电线路故障及预防

【项目描述】

使学生熟悉配电线路的运行要求,了解配电线路故障发生的原因,明白配电线路事故预防工作的重要性,掌握防止配电线路雷击、污闪、覆冰、鸟害、外力破坏故障发生的相关措施。

【项目目标】

(1)能分析配电线路雷击故障事故,并提出相应的预防措施。
(2)能分析配电线路污闪故障事故,并提出相应的预防措施。
(3)能分析配电线路覆冰故障事故,并提出相应的预防措施。
(4)能分析配电线路鸟害故障事故,并提出相应的预防措施。
(5)能分析配电线路外力破坏故障事故,并提出相应的预防措施。

【教学环境】

线路实训场、多媒体教室、多媒体课件、教学视频。

任务2.1　雷击故障案例分析

【教学目标】

1.知识目标
(1)了解配电线路雷击过程。

（2）了解配电线路雷害风险评估方法。

（3）掌握配电线路相关的防雷措施。

2. 能力目标

（1）具备分析配电线路雷击故障原因的能力。

（2）能够根据现场状况评估配电线路雷击风险。

（3）能够根据配电线路现场状况提出相应的防雷措施。

3. 素质目标

（1）能主动学习，并在完成任务过程中发现问题、分析问题和解决问题。

（2）能与小组成员协商、交流配合完成本次学习任务，养成分工合作的团队意识。

（3）严格遵守安全规范，爱岗敬业、勤奋工作。

【任务描述】

任务名称：配电线路雷击故障案例分析。

任务内容：××配电线路运行班接到工作任务通知，对××配电线路进行雷击故障案例分析。

（1）班组协作分工，制订工作计划。

（2）班组收集有关××配电线路雷击事故资料。

（3）班组撰写《配电线路雷击故障案例分析报告》。

（4）班组准备 5 min 汇报 PPT 进行汇报。

（5）班组内部进行客观评价，完成评价表。

【相关知识】

微课 2.1　架空线路
防雷分析

一、理论咨询

配电线路通常是指 35 kV 以下电压等级的线路，主要用于将地区变电站电能分配到用户侧。配电线路与用户密切相关，一旦配电线路出现故障就会直接导致用户停电，严重影响居民的正常生活，甚至给企业带来较大的财产损失。由于配电线路分布广、地处环境复杂多样、绝缘水平低等特点，线路发生的故障概率较高，特别是农村架空配电线路。相关数据表明，雷击是引起配电线路跳闸故障的主要因素（图 2-1）。因此，降低配电线路雷击故障跳闸率，能够有效地提高配电系统运行可靠性。

图 2-1　雷击导线和绝缘子

（一）雷电及参数

1. 雷电放电过程

雷电是大自然常见的一种放电现象,通常伴随有雷鸣和闪电。大部分雷电形成于对流旺盛的积雨云中,积雨云距离地面高度可达 20 km,云中电荷分布相对复杂,一般云层的下部主要为负电荷,上部主要为正电荷,当云层电荷积累到一定程度就会产生云层对地、云层内部和云际间的放电现象。雷电发生的本质是积累电荷并形成明显极性的雷雨云使空气场强发生畸变,导致空气间隙击穿,从而引起雷雨云电荷转移的过程。目前关于雷雨云电荷积累的理论有水滴分裂起电理论、对流起电理论、感应起电理论、温差起电理论等,国内外学者尚未形成统一的理论,部分理论还停留于实验室模拟研究阶段,并未在自然界中得到有效证实,但大部分学者认为雷雨云电荷积累的根本原因是大气的运动,比较广泛认同的是水滴分裂起电理论。

云层内放电是自然界中雷云放电的最常见现象,但是真正对配电线路有影响的是云层对地放电,即地闪。目前大部分的研究都是针对地闪开展的,由于雷云云层的下部主要为负电荷,因此大自然中大部分都是负极性地闪,少部分为正极性地闪。地闪放电通常可以分为先导阶段、主放电阶段和余辉放电阶段,如图 2-2 所示。

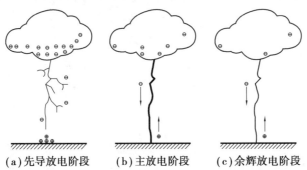

(a) 先导放电阶段　　(b) 主放电阶段　　(c) 余辉放电阶段

图 2-2　雷电放电过程

1) 先导放电阶段

雷电放电前端为高温度的等离子体流注区,其发展速度约 0.3 m/μs,持续时间为 0.005 ~

0.01 s，先导电位可达 10 MV。由于电子的碰撞电离和热电离加剧了流注区向下发展，从而使得先导放电通道得到延伸，这个放电过程称为先导放电阶段。

2）主放电阶段

在先导放电通道达到地面时，雷云中的电荷与地面异性电荷迅速中和，形成贯穿的电流通道，从而在长空气间隙中形成一道强烈的闪络通道，此过程发展速度为 15～150 m/μs，持续时间为 50～100 μs，放电电流可以达到数千安培，最大可达 200～300 kA。

3）余辉放电阶段

在主放电阶段结束后，雷云中的剩余电荷沿着主放电通道继续和地面异性电荷中和的过程就是余辉放电阶段，该过程雷电的发展速度为 0.02～0.1 m/μs，持续时间为 0.03～0.15 s，放电电流可以达到数百安培。

2. 雷电参数

1）雷电活动频度

雷电在时间维度上的活动频度可用雷暴日或雷暴小时来表示。雷暴日是指该地区一年中观测到发生雷电的天数。雷暴日与该地区所处的地理环境、气象条件等众多因素相关。雷暴小时是指一年中观测到雷电放电的小时数。

雷暴日和雷暴小时是以往雷电监测手段不够先进所采取的方式，该评价参数与观测人员相关，具有一定的主观性。随着雷电监测技术的发展，雷电监测系统在各个电力公司得到广泛运用。目前，对于雷电在空间维度的活动频度常采用地面落雷密度来表示。地面落雷密度是指每个雷暴日下该地区每平方千米上的平均落雷次数。

2）雷电流波形

大气中雷电放电是一个极其复杂的物理过程，并且雷电放电具有重复性，通常一次雷电放电会有多次回波，即多次放电现象，绝大部分情况下首次放电的电流幅值最高，并且大部分都是负地闪。为了定量分析雷电放电过程，通常将其简化，只分析首次雷电放电，并将首次雷电放电过程简化为 3 个参数来表征雷电流特性。如图 2-3 所示，表征雷电流特性的 3 个参数为雷电流幅值 I_m，波头时间 t_1，波长时间 t_2。

雷电流幅值 I_m，用来表征雷电流大小的特征参数，单位 kA。雷电流幅值与地形地貌、下垫面类型、气象环境等多种因素相关，地区雷电流分布差异明显，无法精确衡量。一般情况下，可以采用国际 IEEE Std 推荐的雷电流概率分布函数分析雷电流分布，具体为

$$\lg P = -\frac{I}{88} \qquad (2\text{-}1)$$

式中，P 为雷电流幅值超过 I 的概率。

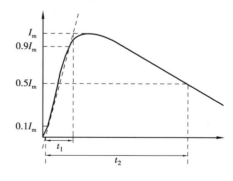

图 2-3 雷电流波形

（二）配电线路雷击故障类型

配电线路雷击故障类型包含直击雷和感应雷（图 2-4）。由于配电线路大部分杆塔高度

相对较低,周围建筑对配电线路的屏蔽作用明显,因此配电线路雷击故障中直击雷相对较少,大部分都是感应雷。相关数据表明,配电线路上出现的感应雷约占 85%,直击雷约占 15%。

1. 直击雷

直击雷包含雷电绕击和雷电反击两种。雷电绕击是指雷电直击配电线路避雷线上,雷电绕击是指雷电直击配电线路导线上,由于配电线路一般不会全线架设避雷线,因此配电线路中直击雷故障绝大部分表现为雷电直击配电线路导线。

2. 感应雷

当雷击配电线路附近大地时,雷电放电通道会在附近建立强大的磁场,该磁场是变化的,因此会在配电线路导线上产生电磁感

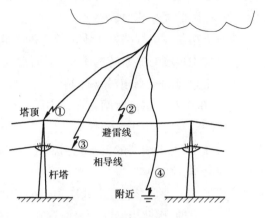

图 2-4　直击雷和感应雷

应过电压。此外,在雷云放电的先导阶段,配电线路若处于放电先导通道的电场中,配电导线上会感应大量的静电荷,当雷云放电时导线上被束缚的电荷将得到释放,从而形成静电感应过电压。静电感应过电压和电磁感应过电压往往同时存在,两者的电压将会破坏配电线路设备绝缘,引起配电线路导线单相对地闪络,或两相或三相同时对地闪络事故。

防雷规程建议,当雷击点离配电线路的距离 $S > 65$ m 时,感应过电压的最大值 U_g 可按下式计算:

$$U_g \approx 25 \frac{Ih_d}{S} \tag{2-2}$$

式中,I 为雷电流幅值,kA;h_d 为配电线路导线的高度,m;S 为雷击点离配电线路的距离,m。当雷击点离配电线路的距离 $S \leqslant 65$ m 时,认为雷电将直击配电线路。

(三)配电线路雷击故障的影响因素

1. 地形的影响

海拔是影响配电线路雷击故障的主要因素之一,由于高海拔地区会产生对流天气,容易形成雷电。因此,配电线路所处地区海拔越高,发生雷击跳闸的概率越高。

山坡坡度与配电线路的雷击跳闸率相关,配电线路受地面倾角变化的影响,改变了地面暴露弧和导线暴露弧的交点位置,使配电线路感应雷和直击雷的引雷范围发生变化。一般而言,当配电线路地处山顶时,坡度越大,配电线路发生雷击跳闸的概率越大;地处山腰时,靠近山顶侧的导线雷击跳闸率随着坡度的增大而减小,靠近山底侧的导线雷击跳闸率随着坡度的增大而增大。

山坡坡向也影响配电线路跳闸的因素,受季风的影响雷暴云的发展轨迹往往是相对固定的。相关研究表明,雷电发生季节,地处迎风面山坡的配电线路发生雷击故障的概率相对较高,地处背风面山坡的配电线路发生雷击故障的概率相对较低。

2. 地貌的影响

雷电的发生和河网密度相关,一般而言,水域丰富的地区,湖泊、河流蒸发的水蒸气会对过境中尺度对流系统产生干扰,雷电活动会更加频繁,因此配电线路地处河网面积大的区域发生雷击故障的概率相对较高。

地表类型是配电线路发生雷击故障的关联因素,森林茂密的地区水汽蒸发旺盛,同样会产生对过境中尺度对流系统的干扰,从而形成雷电的可能性较大。因此地处林区的配电线路发生雷击故障的概率相对较高。

此外,配电线路雷击跳闸率还与周围环境相关,当配电线路地处城区或者周围有大量高耸且密集的建筑时,由于城市热岛效应,该地区的雷电活动频繁,但是由于建筑物对配电线路的屏蔽作用,配电线路的雷击跳闸率反而大幅度下降。

3. 线路本体的影响

线路绝缘水平是影响配电线路雷击跳闸的主要因素,由于配电线路大部分雷击故障都是感应雷造成的,因此当绝缘子表面存在污秽或爬电距离不满足要求时,配电线路的绝缘水平将下降,发生感应雷跳闸的故障概率上升。因此提高线路绝缘水平,可以有效地降低配电线路雷击跳闸率。

接地电阻与配电线路雷击跳闸率息息相关,当接地电阻大的配电线路发生雷击时,在杆塔顶部会产生更高的电位,引起绝缘子闪络的可能性增大,从而导致雷击跳闸率增大。

（四）配电线路防雷保护措施

配电线路防雷保护的四道防线包括防直击、防闪络、防建弧、防停电。

1. 防直击

防直击主要是指防止雷电直接击杆塔上,避免雷电绕击到配电线路导线上。配电线路大部分都是感应雷故障,一般配电线路不会全线架设避雷线,对于雷击风险特别厉害的地区,采取架设避雷线、将架空线路改为电缆线路等措施,可以有效避免雷击风险。除此之外,还可以在配电线路设计阶段,进行科学合理的线路规划,避开山脊、湖泊、森林茂密等雷击风险高的区域,从源头上减少配电线路雷击风险。

2. 防闪络

防闪络主要是指配电线路发生雷击后,避免发生绝缘闪络,可采取加强绝缘、降低接地电阻等措施。对于配电线路加强绝缘主要是使用绝缘导线、增加绝缘子片数、替换老化污秽的绝缘子等措施,能够有效提高配电线路在雷击状况下的绝缘水平。降低杆塔接地电阻可以有效降低雷击杆塔顶部时电位,减小雷击闪络概率。

3. 防建弧

防建弧主要是指配电线路发生雷击并形成闪络时,避免建立稳定的工频电弧,可采取消弧线圈接地、安装线路避雷器等方式。消弧线圈的作用提供电感电流补偿,防止配电线路因雷击发生单相接地故障后,出现弧光过零后重燃,达到灭弧的目的。安装线路避雷器,可以限制配电线路的雷电过电压幅值,有效地截断工频续流,从而降低建弧率。此外,还可以通过安装过电压保护器,避免架空导线因高温工频续流而熔断的现象。

4. 防停电

防停电主要是指在配电线路发生雷击故障后,要避免电力供应的中断,可以采取装设自动重合闸装置的措施。由于配电线路大部分以空气间隙绝缘为主,具有绝缘自恢复功能,雷击闪络后周围等离子体能够迅速去游离,一般不会造成配电线路的永久性故障。因此通过装设自动重合闸装置后,能够迅速合闸送电避免线路停电。据统计,我国 35 kV 及以下的线路成功率为 50% ~ 80% 。

(五)配电线路雷击故障巡查

1. 雷击故障的判断

当配电线路发生跳闸故障之后,应根据气象状况进行故障类别判定,雷击故障都发生在雷雨天气。为了确定配电线路是否发生雷击故障,可以结合继电保护的动作情况和雷电定位系统所监测的雷电活动状况来判断。

2. 故障的巡查

配电线路发生雷击故障后,应在无风天气开展线路的故障巡查工作,雷击故障巡查工作包括检查接地引下线的接地连板是否有烧熔或白点痕迹,检查地线与杆塔连接处有无烧伤痕迹,检查混凝土电杆的拉线棒与 UT 线夹连接处有无雷击白点或烧伤痕迹,检查混凝土电杆的穿钉螺栓与地线的连接处有无雷击点痕迹,检查绝缘子串有无放电痕迹,瓷质绝缘子瓷体有无圆形状瓷釉脱落现象,检查线夹至防振锤处的导线有无烧伤或断股现象等。

二、实践咨询

(一)工作准备

(1)班级学生形成 6 ~ 7 人的线路运行班组,各配电线路运行班组自行选出组长。

(2)组长召集组员利用课外时间收集有关××配电线路雷击故障资料。

(3)分工协作撰写《配电线路雷击故障案例分析报告》,并形成汇报 PPT。

(二)操作步骤

(1)线路运行班向指导老师汇报"配电线路雷击事故案例分析"。

(2)班组成员记录指导老师和其他分析班组对本组汇报的点评。

(3)负责人组织成员参照意见修改《配电线路雷击故障案例分析报告》。

(4)召开"配电线路雷击事故案例分析"工作总结会议,点评成员在完成本次任务中的表现。

(5)任务完成,配电线路运行班将修改后的《配电线路雷击故障案例分析报告》文档、汇报 PPT、工作总结及成员成绩交给指导老师。

【拓展知识】

1. GB/T 50064—2014《交流电气装置的过电压保护和绝缘配合设计规范》中的规定

（1）少雷区：地落雷密度不超过 0.78 次/（$km^2 \cdot a$）或者平均年雷暴日数不超过 15 天的地区。

（2）中雷区：地面落雷密度超过 0.78 次/（$km^2 \cdot a$）但小于 2.78 次/（$km^2 \cdot a$）或平均年雷暴日数超过 15 天但小于 40 天的地区。

（3）多雷区：地面落雷密度超过 2.78 次/（$km^2 \cdot a$）但小于 7.98 次/（$km^2 \cdot a$）或平均年雷暴日数超过 40 天但小于 90 天的地区。

（4）强雷区：地面落雷密度超过 7.98 次/（$km^2 \cdot a$）或者平均年雷暴日数超过 90 天或依据运行经验雷害特别严重的地区。

2. DL/T 5220《10 kV 及以下架空配电线路设计规范》中的规定

（1）3 kV～10 kV 混凝土杆架空配电线路：在多雷区可架设地线，或装设避雷器；当采用铁横担时宜提高绝缘子等级；绝缘导线铁横担的线路可不提高绝缘子等级。

（2）无避雷线的 1 kV～10 kV 架空配电线路，在居民区的钢筋混凝土电杆宜接地，金属管杆应接地，接地电阻均不宜超过 30 Ω。

中性点直接接地的 1 kV 以下架空配电线路和 10 kV 及以下共杆的电力线路，其钢筋混凝土电杆的铁横担或金属杆应与零线连接，钢筋混凝土电杆的钢筋宜与零线连接。

中性点非直接接地的 1 kV 以下架空配电线路，其钢筋混凝土电杆宜接地，金属杆应接地，接地电阻不宜大于 50 Ω。

沥青路面上的或有运行经验地区的钢筋混凝土电杆和金属杆，可不另设人工接地装置，钢筋混凝土电杆的钢筋、铁横担和金属杆也可不与零线连接。

（3）架空地线和耦合地线应逐基杆塔接地。每基杆塔工频接地电阻不宜超过表 2-1 所列数值。

表 2-1　杆塔的最大工频接地电阻

土壤电阻率 ρ/（$\Omega \cdot m$）	$\rho < 100$	$100 \leqslant \rho < 500$	$500 \leqslant \rho < 1\ 000$	$1\ 000 \leqslant \rho < 2\ 000$	$\rho \geqslant 2\ 000$
工频接地电阻/Ω	10	15	20	25	30

注：＊如土壤电阻率超过 2 000 Ω·m，宜采取相应降阻措施。

（4）钢筋混凝土电杆在易受雷击的区域，宜将横担接地。非预应力电杆可通过主筋接地，电杆杆身宜预埋与主筋相连的接地螺母。

3. GB 51302—2018《架空绝缘配电线路设计标准》中的规定

（1）强雷区的 1 kV～10 kV 架空绝缘配电线路、距变电站电气距离 1 km 内的进出线路段、易受雷击的线路段、向重要负荷供电的线路，防雷措施宜采用带外串联间隙金属氧化物避雷器。

（2）多雷区、中雷区以感应雷击为主的 1 kV ~ 10 kV 架空绝缘配电线路段,防雷措施宜采用带外串联间隙金属氧化物避雷器、绝缘塔头、架空地线或耦合地线等。

（3）易遭受直击雷的 1 kV ~ 10 kV 架空绝缘配电线路段,宜采用架空地线与带外串联间隙金属氧化物避雷器联合措施。

（4）架空绝缘配电线路采用带外串联间隙金属氧化物避雷器时,宜对被保护线路段逐基杆塔逐相安装。

（5）1 kV ~ 10 kV 线路设置架空地线时,宜采用单根且截面积不小于 25 mm² 的钢绞线,地线对边相导线保护角不宜大于 45°。

（6）架空配电线路通过耕地时,接地体应埋设在耕作深度以下,且不宜小于 0.6 m。

【任务实施】

任务工单

任务描述：××配电线路运行班接到工作任务通知,××配电线路雷击故障案例分析。

1.咨询（课外完成）

（1）配电线路雷击有几种类型?

（2）如何提高配电线路耐雷水平?

2.决策

（1）岗位划分：

班　组	岗　位			
	班　长	报告撰写员	PPT 制作	资料收集员

（2）编制《配电线路雷击故障案例分析报告》。

①配电线路雷击故障的影响因素；

②配电线路防雷措施；

③配电线路雷击故障巡查。

3. 配电线路雷击故障案例分析汇报

学生进行具体分析汇报。

4. 检查及评价

考评项目	自我评估	组长评估	教师评估	备 注
团队合作 20%				
案例分析报告 35%				
案例分析汇报 30%				
安全文明 15%				

任务 2.2　污闪故障案例分析

【教学目标】

1. 知识目标

(1) 熟悉配电线路污闪故障原因。

(2) 了解配电线路污闪故障特点。

(3) 掌握防止配电线路污闪故障发生的相关措施。

2. 能力目标

(1) 具备分析配电线路污闪故障原因的能力。

(2) 能够根据配电线路状况评判污闪发生的可能性。

(3) 能够提出防止配电线路污闪故障发生的相关措施。

3. 素质目标

(1) 能主动学习,并在完成任务过程中发现问题、分析问题和解决问题。

（2）能与小组成员协商、交流配合完成本次学习任务,养成分工合作的团队意识。

（3）严格遵守安全规范,爱岗敬业、勤奋工作。

【任务描述】

任务名称:配电线路污闪故障案例分析。

任务内容:××配电线路运行班接到工作任务通知,对××配电线路进行污闪故障案例分析。

（1）班组协作分工,制订工作计划。

（2）班组收集有关××配电线路污闪故障资料。

（3）班组撰写《配电线路污闪故障案例分析报告》。

（4）班组准备 5 min 时长 PPT 进行汇报。

（5）班组内部进行客观评价,完成评价表。

【相关知识】

一、理论咨询

（一）污秽的来源

1. 工业污秽

工业污秽指在化工厂、火电厂、煤矿、水泥厂等工业企业在生产中所产生的烟尘、废气等污秽。配电线路经过工业城市或者工业集中的地区,在绝缘子上会因为遭受包括化工厂、冶炼厂、水泥厂、煤矿及矿场的粉尘,循环水冷却塔或喷水池的酸化水雾等污秽,导致绝缘子的绝缘性能下降。在各类工业污秽中,化工污秽对绝缘子电气强度的影响最为严重,其次是水泥、冶金等污秽,绝缘子污秽发展到一定程度,将会导致绝缘子发生污闪,影响供电可靠性。

2. 自然污秽

自然污秽指无人参与在自然条件所生的污秽,如在空气中飘浮的尘土、盐碱严重地区大风刮起的尘土、海风带来的盐雾以及鸟类粪便等。在配电线路防污闪工作中常遇到的有:农田尘土污秽、盐碱污秽、沿海海水（雾）污秽、鸟粪污秽等。

（二）污秽参数

污秽参数是用来表征绝缘子的污秽程度的量,也称为污秽绝缘子运行状态的特征量,合理选择污秽参数才能够为设计及运行维护提供有效的参考,但是到目前为止,国内外还没有一个统一的污秽参数来确切地表征绝缘子的污秽程度。常用的污秽特征参数有等值盐密度、表面污层电导率、泄漏电流等。

1. 等值盐密

等值盐密是指绝缘子在自然环境下,其表面每平方厘米面积上附着的污秽中导电物质含相当 NaCl 的量,单位 mg/cm²。等值盐密表征了绝缘子污秽物层导电率的大小,能够直观地反映绝缘子的污秽程度,虽然是静态参数,不能反映绝缘子的运行状态,但测量方法简单,是我国目前在防污闪工作中用以表征污秽度最为重要的基本参数。

微课 2.2　绝缘子盐密测量

2. 表面污层电导率

表面污层电导率是指污秽绝缘子表面每平方厘米的电导,单位:μS。该参数能够较为客观地反映绝缘子的污染程度,但不能反映污秽绝缘子在实际运行电压下的状况,属于半动态参数。现场测试受条件限制测量值精确度不够,因此难以在实际应用中推广,常用于污闪机理和特性研究中。

3. 泄漏电流

泄漏电流是指在运行电压作用下污秽受潮时测得的流过绝缘子表面污层的电流。泄漏电流由作用电压、湿润、污秽三要素决定,是动态参数。污秽绝缘子运行电压一般不变,泄漏电流随着污秽程度的增大而增大。此外,由于雷电过电压、操作过电压等会导致绝缘子两端电压升高,泄漏电流也会随之增大。一般而言,用泄漏电流表征绝缘子污染程度是比较科学的。

(三)污闪发展过程

污闪的发展过程可以概况为四部分,即污秽在绝缘子表面的沉积和累积、污秽在绝缘子表面发生潮解、绝缘子表面产生局部放电、局部放电持续发展并导致闪络,如图 2-5 所示。

1. 污秽在绝缘子表面的沉积和累积

绝缘子一方面受到地区环境的影响,其表面积累来自工业生产中产生的粉尘、废气和自然环境中尘土、盐雾等污秽;另一个方面也受大气环境的影响,通过风吹、雨淋等方式不断清洁绝缘子表面污秽。此外,绝缘子本身结构、表面憎水性、表面光洁度等特性将影响微粒在其表面的附着,憎水性好和表面光洁度高的绝缘子表面不容易附着污秽。长期运行经验表明,地处工业区和大气污染严重的绝缘子表面污秽积累较多,距离污染源越近、工业规模越大,积污越多。一般采用等值盐密、等值灰密来表征电气设备外绝缘污秽程度。

2. 污秽在绝缘子表面发生潮解

干燥的污秽导电能力不强,因此绝缘子的绝缘电阻改变不大,一般情况下不会发生局部放电现象。如果出现毛毛雨、大雾等潮湿天气,或者由于局部温差影响,绝缘子表面温度低于周围环境,使表面附近空气相对湿度上升,导致污秽物吸水发生潮解,电解质在水中电离形成导电离子,容易在绝缘子表面形成一层导电水膜,使污秽面的电阻减小,绝缘子的闪络电压降低。长期的运行经验表明,毛毛雨、雾、露等潮湿天气,特别是大雾天气最容易引起绝缘子的污秽放电,而大雨天气由于雨水的冲刷作用,污秽物会被清洗反而不易发生污闪。

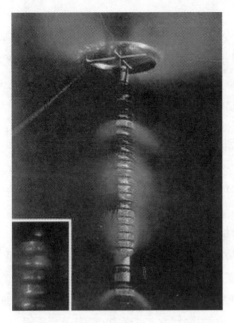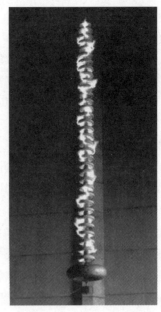

图 2-5   污闪

3. 绝缘子表面产生局部放电

绝缘子表面的污秽发生潮解后,会在其表面形成一层导电水膜,从而构成沿绝缘子表面的导电通道,导致绝缘子表面有泄漏电流流过。由于电流的热效应,在电流密度大且导电水膜较薄的地方水分受热会迅速蒸发,形成干区,中断泄漏电流,此时绝缘子表面的电压分布发生了变化。电阻大的干区和电阻小的湿润区串联,那么加在绝缘子两端的电压主要由干区承担。如果干区的场强超过了临界放电场强,干区就会发生沿面放电现象。严重时在绝缘子表面可观测到有灯丝状电弧,并伴有嗞嗞的放电声音。绝缘子表面污秽较轻或爬距较长时,在绝缘子表面不会形成长距离的沿面放电,局部放电直到绝缘子表面充分干燥,不再产生放电现象。

4. 局部放电持续发展并导致闪络

绝缘子表面污秽严重且又充分受潮或者爬距较短时,局部放电通道的电阻较小,泄漏电流很大,放电通道温度能够激发电子的热游离,促使局部放电电弧逐步延长,从而产生连续的沿面放电,致使绝缘子发生闪络,引起电网跳闸事故。绝缘子表面的局部放电与其参数、污秽性质、润湿程度等因素相关,并且电弧的发展有一定的随机性,因此污闪是一个随机事件。一般而言,绝缘子表面泄漏电流增大,有利于局部电弧的发展,发生污闪的概率增加;泄漏电流减小,发生污闪的概率降低。

微课 2.3   绝缘子
闪络类型

(四)配电线路污闪的影响因素

绝缘子表面积污、潮湿条件以及工作电压是引发污闪的三个主要因素。配电线路工作电压往往是确定的,因此这里只分析影响绝缘子表面积污、污秽受潮两个因素,主要从绝缘子特性、污秽物特性、环境特性三个方面来分析其对污闪的影响。

1. 绝缘子特性

绝缘子的防污能力直接关系污闪的发生。复合绝缘子采用硅橡胶作为伞裙,具有良好的憎水性能,相比玻璃绝缘子和瓷质绝缘子防污性能突出,常用于污秽严重地区。此外绝缘子的结构、爬距与污闪相关,爬距增大绝缘子发生污闪的概率下降。同时如果绝缘子表面不光滑、材质不好、存在设计缺陷等问题,也会增加污闪的风险。

2. 污秽物特性

从绝缘子表面的污秽成分来看包括可溶解污秽和不可溶解污秽,两者成分的组成将会影响绝缘子的污闪特性,国内外学者对此开展了相关研究,发现绝缘子污秽中 $CaSO_4$ 占比为 $20\% \sim 60\%$,$NaCl$ 占比为 $10\% \sim 30\%$,其中一价盐(如 $NaCl$)比二价盐($CaSO_4$)对绝缘子污闪特性的影响要大。此外通过实验研究表明不能简单地用盐密值来分析绝缘子的污闪特性,还必须考虑污秽化学成分和表面污层电导率等因素的影响。

从绝缘子表面的污秽类型来看主要包含鸟粪污秽和工业污秽。鸟粪污染是导致污闪尤为常见的一种原因。鸟粪本身的污秽盐密值不高,但鸟粪排出后会沿绝缘子边缘向下流动,这有可能造成短路现象,进而引起污闪事故。而且鸟粪具有突发性特点,控制难度大,影响又较为严重。大气污染也是引起绝缘子污闪的原因之一,钢铁、水泥等企业生产过程中会排出大量固体、液体、气体污染物,会在绝缘子表面长期堆积,受潮后绝缘电阻下降,容易导致污闪事故发生。

3. 环境特性

相关研究表明湿度、温度、气压等环境因素与绝缘子污闪与相关,此外风、雨、雪等因素也会影响绝缘子污闪,详细分析如下。

(1)湿度

绝缘子发生污闪的必要条件是其表面的污秽充分湿润。空气中湿度大,能够使绝缘子表面污秽层的电导率增加,绝缘性能明显降低。因此在雾、露、毛毛雨等高湿度环境下,污秽层的电解质完全溶解,且不像大雨天气能够使污秽被冲洗掉,从而容易在绝缘子表面形成一层导电膜,使绝缘子发生污闪的概率增加。

微课2.4 架空线路
污闪故障分析

(2)温度

温度与绝缘子污闪特性相关,环境温度越高,污秽物中电解质溶解度越大,绝缘子污秽层形成的导电膜电导率增加,泄漏电流增大,发生污闪的概率增加。

此外环境温度和绝缘子表面温度差也会影响污闪的形成,当绝缘子表面温度高于环境温度时,形成正温差,反之形成负温差。正温差会引起水滴碰撞、水分吸附、水珠扩散现象,造成绝缘子面污秽层湿润,正温差越大,污秽越不容易湿润,污闪发生的概率下降。负温差除了会引起水滴碰撞、水分吸附、水珠扩散现象,还会引起空气中的水分直接冷凝到绝缘子表面的污秽层上,负温差越大,污秽越容易湿润。因此绝缘子污闪一般发生在潮湿天气的凌晨时分,此时环境温度上升,而绝缘子温度上升比空气慢,负温差明显,更容易发生污闪。

（3）气压

闪络电压与大气气压相关，低气压环境下空气间隙的闪络电压降低，因此在其他条件相同的情况下，绝缘子污闪电压随气压的降低而减小。一般而言，海拔越高，大气压强越低，因此同等条件下高海拔地区的配电线路污秽绝缘子闪络电压降低，更容易发生污闪。

（五）污闪事故的特点

长期的运行经验表明绝缘子的污闪事故均是在工频运行电压长时间作用下发生的。污闪事故一旦发生，往往不能够通过自动重合闸恢复供电，容易造成停电事故。污闪容易受到大雾、毛毛细雨、凝露等易发天气影响，表现出季节性和污闪事故发生的大面积性等特点。

污闪除了会造成长时间停电外，还会由于其伴随着强力电弧，导致相关电气设备损坏，引起绝缘子炸裂、导线落地或烧断等事故，因此污闪也是电力系统重大灾害之一。

（六）防止污闪事故的措施

对于运行中的配电线路，为了防止绝缘子发生污闪事故，可以采取以下措施，保障配电线路的安全运行。

1. 加强线路运行维护

（1）有针对性地做好线路巡视

污闪往往发生在潮湿天气下，而白天受光强度的影响，难以通过绝缘子的局部放电来判断线路的污闪状况。因而输配电线路的防污闪巡视一般安排在大雾、毛毛细雨、凝露等潮湿天气的夜晚。巡视判断一是听放电声音；二是看放电现象。如果在放电声音较小且均匀，说明发生污闪的概率较小；反之，绝缘子放电呈黄红色伸缩性树枝状或黄白色局部电弧时，说明发生污闪的概率很大，应及时进行处理。

（2）定期测试和及时更换不良绝缘子

线路如果存在不良绝缘子，绝缘水平会降低，再加上线路周围环境污秽的影响，容易发生污闪事故。因此，必须对绝缘子进行定期测试，及时更换不合格绝缘子，使线路保持正常绝缘水平。

微课 2.5　ZC-7 型绝缘电阻表

2. 合理调整爬电距离

爬电距离是指两电极间的沿面最短距离，其与所加电压的比值称为爬电比距，表示外绝缘的绝缘水平，单位为 cm/kV。增大爬电距离相当于增大了爬电比距，提高了外绝缘水平。合理调整爬电距离，能够有效增大放电通道电阻，使绝缘子表面的局部放电不至于形成长距离的沿面放电。当绝缘子表面充分干燥后，不再产生放电现象。因此在条件允许情况下加大爬电距离，可以提高绝缘子的抗污闪能力。调爬方法可以是适当增加绝缘子片数，也可以更换为防污型绝缘子，如双伞形、钟罩形、流线型、大爬距或大盘径绝缘子，如果线路间隙允许可以增加绝缘子片数。

微课 2.6　绝缘电阻测试仪

3. 清扫

作用电压、污秽和潮湿是污闪发生的三要素，清扫绝缘子表面污秽，能够恢复绝缘子的性能,防止绝缘子发生污闪。绝缘子污秽清扫时要掌握本线路绝缘子的状况、积污的情况、所处区域的气候特点、污闪发生规律,以便确定合理的清扫周期,选择适当的时间针对性地开展清扫工作。一般为每年在污闪来临前 1~2 个月进行 1 次清扫,污秽严重地区要适当增加清扫次数。清扫一般分为人工停电清扫、机械带电清扫和悬式绝缘子落地清扫等。

4. 采用防污闪涂料或采用复合绝缘子

防污闪涂料主要用于瓷绝缘子上,能够使瓷绝缘子表面由亲水性变为憎水性。潮湿天气下,由于涂料的憎水性能,水分会凝聚成水珠,不会在绝缘子表面形成连续导电水膜,从而使绝缘子保持较高的绝缘电阻,有效限制了泄漏电流的增长,提高了绝缘子的防污闪能力。

复合绝缘子与玻璃绝缘子和瓷绝缘子不同,其伞裙由有机高分子聚合物组成,具有良好的憎水性,在表面湿润状态下伞套表面的水分会被分离成细密小水珠,构不成导电通路,难以发展成污闪放电。

二、实践咨询

(一)工作准备

(1)班级学生形成 6~7 人的线路运行班组,各线路运行班组自行选出组长。

(2)组长召集组员利用课外时间收集有关××配电线路污闪故障资料。

(3)分工协作撰写《配电线路污闪故障案例分析报告》,并形成汇报 PPT。

(二)操作步骤

(1)线路运行班向指导老师汇报"配电线路污闪故障案例分析"。

(2)班组成员记录指导老师和其他分析班组对本组汇报的点评。

(3)负责人组织成员参照意见修改《配电线路污闪故障案例分析报告》。

(4)召开"配电线路污闪故障案例分析"工作总结会议,点评成员在完成本次任务中的表现。

(5)任务完成,线路运行班将修改后的《配电线路污闪故障案例分析报告》文档、汇报 PPT、工作总结及成员成绩交给指导老师。

【拓展知识】

1. DL/T 5220《10 kV 及以下架空配电线路设计规范》中的规定

(1)在空气污秽地区,架空配电线路的电瓷外绝缘应根据地区运行经验和所处地段外绝缘污秽等级,增加绝缘子的爬电距离或采用其他防污措施。如无运行经验,应符合表 2-2 所规定的数值。通过污秽地区的架空配电线路宜采用防污绝缘子、有机复合绝缘子或采用其他防污措施。

(2)架空配电线路环境污秽等级应符合表 2-2 的规定。污秽等级可根据审定的污秽分区图并结合运行经验、污湿特征、外绝缘表面污秽物的性质及其等值附盐密度等因素综合确定。

表 2-2　架空配电线路污秽分级标准

示例	典型环境	污秽等级	盐密/(mg·cm⁻³)	瓷绝缘单位爬电距离/(cm·kV⁻¹)	
				中性点直接接地	中性点非直接接地
E1	很少有人类活动,植被覆盖好,且: (1)距海、沙漠或开阔干地 >50 km; (2)距大中城市 >30 ~ 50 km; (3)距上述污染源更短距离以内,但污染源不在积污期主导风上	a 很轻	0 ~ 0.03	1.6	1.9
E2	人口密度 500 ~ 1 000 人/km² 的农业耕作区,且: (1)距海、沙漠或开阔干地 >10 ~ 50 km; (2)距大、中城市 15 ~ 50 km; (3)重要交通干线沿线 1 km 以内; (4)距上述污染源更短距离以内,但污染源不在积污期主导风上; (5)工业废气排放强度 < 1 000 万标 m³/km²; (6)积污期干旱少污少凝露的内陆盐碱(含盐量小于 0.3%)地区	b 轻	0.03 ~ 0.06	1.6 ~ 1.8	1.9 ~ 2.2
E3	人口密度 1 000 ~ 10 000 人/km² 的农业耕作区,且: (1)距海、沙漠或开阔干地 >3 ~ 10 km; (2)距大、中城市 15 ~ 20 km; (3)重要交通干线沿线 0.5 km 及一般交通线 0.1 km 以内; (4)距上述污染源更短距离以内,但污染源不在积污期主导风上; (5)包括乡镇工业在内工业废气排放强度不大于 1 000 ~ 3 000 万标 m³/km²; (6)退海轻盐碱和内陆中等盐碱(含盐量 0.3% ~ 0.6%)地区	c 中	0.03 ~ 0.10	1.8 ~ 2.0	2.2 ~ 2.6

续表

示例	典型环境	污秽等级	盐密/(mg·cm⁻³)	瓷绝缘单位爬电距离/(cm·kV⁻¹)	
				中性点直接接地	中性点非直接接地
E4	距上述 E3 污染源更远(距离在 b 级污区的范围以内),但: (1)在长时间(几星期或几月)干旱无雨后,常常发生雾或毛毛雨; (2)积污期后期可能出现持续大雾或融冰雪的 E3 类地区; (3)灰度为等值盐密 5~10 倍及以上的地区	c 中	0.05~0.10	2.0~2.6	2.6~3.0
E5	人口密度大于 10 000 人/km² 的居民区和交通枢纽,且: (1)距海、沙漠或开阔干地 3 km 以内; (2)距独立化工及燃煤工业源 0.5 km~2 km 以内; (3)乡镇工业密集区及重要交通干线 0.2 km; (4)重盐碱(含盐量 0.6%~1.0%)地区。	d 重	0.10~0.25	2.6~3.0	3.0~3.5
E6	距比 E5 污染源更长的距离(与 c 级污区对应的距离),但: (1)在长时间(几星期或几月)干旱无雨后,常常发生雾或毛毛雨; (2)积污期后期可能出现持续大雾或融冰雪的 E5 类地区; (3)灰度为等值盐密 5~10 倍及以上的地区。	d 重	0.25~0.30	3.0~3.4	3.5~4.0
E7	(1)沿海 1 km 和含盐量大于 1.0% 的盐土、沙漠地区; (2)在化工、燃煤工业源区内及距此类独立工业源 0.5 km; (3)距污染源的距离等同于 d 级污区,且直接受到海水喷溅或浓盐雾或同时受到工业排放物如高电导废气、水泥等污染和水汽湿润。	e 很重	>0.30	3.4~3.8	4.5~4.5

2. GB 51302—2018《架空绝缘配电线路设计标准》中的规定

(1)线路绝缘子型式和片数应根据现场污秽度等级,经统一爬电比距计算确定。

(2)高海拔地区的线路绝缘设计应按下列方法修正:

①海拔高度为 1 000 ~ 3 500 m 的地区,架空绝缘配电线路采用柱式、针式等绝缘子时,绝缘子干弧距离可按下式确定:

$$L_\mathrm{h} \geq L[1 + 0.001(H - 1)] \tag{2-3}$$

式中　L_h——海拔高度为 1 000 ~ 3 500 m 地区的绝缘子干弧距离,m;

　　　L——海拔高度为 1 000 m 以下地区要求的绝缘子干弧距离,m;

　　　H——海拔高度,m。

②海拔高度为 1 000 ~ 3 500 m 的地区,架空绝缘配电线路采用绝缘子串的绝缘子数量可按下式确定:

$$n_\mathrm{h} \geq n[1 + 0.001(H - 1)] \tag{2-4}$$

式中　n_h——海拔高度为 1 000 ~ 3 500 m 地区的绝缘子数量,片;

　　　n——海拔高度为 1 000 m 以下地区的绝缘子数量,片;

　　　H——海拔高度,m。

(3)海拔高度超过 3 500 m 的地区,绝缘子的干弧距离、绝缘子串的绝缘子数量可根据运行经验确定。

(4)通过严重污秽地区的线路宜采用防污绝缘子、复合绝缘子或采用其他防污措施。

【任务实施】

任务工单

任务描述:××配电线路运行班接到工作任务通知,××配电线路污闪事故案例分析。

1.咨询(课外完成)

(1)影响配电线路污闪故障的因素有哪些?

(2)如何防止配电线路污闪事故的发生?

2.决策

（1）岗位划分：

班　组	岗　位			
	班　长	报告撰写员	PPT制作	资料收集员

（2）编制《配电线路污闪事故案例分析报告》。

①配电线路污闪故障的成因；

②配电线路污闪故障的特点；

③配电线路污闪故障的防范措施。

3.配电线路污闪故障案例分析汇报

学生进行具体分析汇报。

4.检查及评价

考评项目	自我评估	组长评估	教师评估	备　注
团队合作20%				
案例分析报告35%				
案例分析汇报30%				
安全文明15%				

任务 2.3　覆冰故障案例分析

【教学目标】

1. 知识目标

(1) 了解配电线路覆冰的种类和影响因素。

(2) 熟悉配电线路覆冰故障的表现形式。

(3) 掌握导线覆冰故障的预防和消除措施。

2. 能力目标

(1) 能够根据现场状况识别配电线路覆冰类型。

(2) 能够根据现场状况分析配电线路覆冰故障的表现形式。

(3) 能够根据现场状况提出防止配电线路覆冰故障发生的措施。

3. 素质目标

(1) 能主动学习,并在完成任务过程中发现问题、分析问题和解决问题。

(2) 能与小组成员协商、交流配合完成本次学习任务,养成分工合作的团队意识。

(3) 严格遵守安全规范,爱岗敬业、勤奋工作。

【任务描述】

任务名称:配电线路覆冰故障案例分析。

任务内容:××配电线路运行班接到工作任务通知,对××配电线路进行覆冰故障案例分析。

(1) 小组协作分工,制订工作计划。

(2) 小组收集有关××配电线路覆冰故障资料。

(3) 小组撰写《配电线路覆冰故障案例分析报告》。

(4) 小组准备 5 min 汇报 PPT 进行汇报。

(5) 小组内部进行客观评价,完成评价表。

【相关知识】

一、理论咨询

(一)线路覆冰的原因和类型

我国幅员辽阔,气象环境复杂多变,除少数地区的输配电线路无覆冰事故外,多数地区都有不同程度的导线覆冰现象发生。导线覆冰会造成杆塔倾倒、断线、绝缘子闪络等,严重的覆冰将会引发大面积停电事故。导线覆冰的成因机理相当复杂,受温度、湿度、冷暖空气对流、环流以及风等因素影响。根据气象观测和输配电线路运行经验,当线路走廊环境只有具备气温 0 ℃以下、相对空气湿度 90% 以上和适宜的风速条件时,导线才会出现覆冰。就导线覆冰发生的过程而言,导线覆冰须满足 3 个条件:一是大气环境中须有足够的过冷却水滴,二是过冷却水滴能够与导线接触,三是过冷却水滴能够立即冻结在导线表面。

通常将导线的覆冰按其结冰性质可以分为雨凇、雾凇、混合凇、雪凇和霜凇五种,如图 2-6 所示,五种覆冰类型的详细分析见表 2-3。对输配电线路而言,雨凇和混合凇的危害最大。

表 2-3 导线的覆冰类型

类 型	性 质	形成过程	特 点
雨凇	纯粹、透明的冰,坚硬,密度为 0.8~0.9 g/cm³ 或更高,粘附力很强	(1)低海拔地区,气温在 -2~0 ℃时,由过冷却雨或毛毛细雨降落在低于冻结温度的物体上形成; (2)在山地,气温为 -4~0 ℃,风速为 5~15 m/s,由云中来的冰晶或含有大水滴的地面雾在高风速下形成	一般是由空气中过冷却水滴冻结在导线形成,多出现在海拔较低的地区;可形成冰柱,密度一般为 0.8~0.9 g/cm³,结构最紧密,附着力强,对线路危害最大
雾凇	白色,呈粒状雪,质轻,为相对坚固的结晶,密度为 0.3~0.6 g/cm³,粘附力较弱,通常在物体的迎风面冻结	气温为 -13~-7 ℃,中等风速下,在山地由云中来的冰晶或含水滴的雾形成	在适宜的条件下生长速度很快,对线路的危害较大

续表

类 型	性 质	形 成 过 程	特 点
混合凇	不透明或半透明冰,常由透明和不透明冰层交错形成,坚硬,粘附力强,密度为 0.6 ~ 0.8 g/cm³	(1)在低地,气温为 -5 ~ 0 ℃时,由云中来的冰晶或有雨滴的地面雾形成; (2)在山地,气温为 -10 ~ -3 ℃,较高风速下,由云中来的冰晶或带有中等大小水滴的地面雾形成	雨凇和雾凇的连续冻结物,在天气周期性变化时形成,对输电线路的危害仅次于雨凇
雪凇	在低地为干雪,密度低,粘附力弱,在丘陵为凝结雪和雨夹雪或雾,质量大,密度为 0.1 ~ 0.3 g/cm³	粘附雪经过多次融化和冻结,成为雪和冰的混合物	单纯的积雪对输电线路基本没有危害,但积雪较大,以达到相当高的质量和体积,且融化时可能会造成绝缘子融冰闪络
霜凇	白色,雪状,不规则针状结晶,很脆而轻,密度为 0.05 ~ 0.3 g/cm³,粘附力弱	在寒冷而平静的天气,气温低于 -10 ℃时,水汽从空气中直接凝结而成	霜凇轻轻振动则会脱离导线表面,与其他类型覆冰相比,霜凇基本不对导线构成严重危害

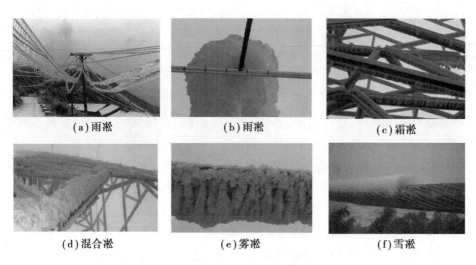

(a)雨凇   (b)雨凇   (c)霜凇

(d)混合凇   (e)雾凇   (f)雪凇

图 2-6   电力线路的覆冰类型

导线覆冰基本上是在严冬或初春季节发生,当线路走廊环境气温下降至 -5 ~ 0 ℃,风速为 3 ~ 15 m/s 时,恰好遇到大雾或毛毛雨天气,这时首先会在导线上形成雨凇。如果线路走廊环境气温再升高,则雨凇开始融化,导线覆冰现象停止;如果天气骤然变冷,出现雨雪或冻雨,则雨凇在导线上迅速增长,形成较厚的冰层;如果环境温度下降至 -15 ~ -8 ℃,则导线原冰层外积覆雾凇;如果覆冰过程中出现多次晴冷变化天气,则往复发展形成雾凇和雨凇交替重叠的混合凇。

（二）导线覆冰的影响因素

1. 气象条件因素

影响导线覆冰的气象因素有温度、风速、空气中或云中过冷却水滴直径、空气中液态水含量，四种因素的不同组合确定了导线覆冰的不同类型。例如气温和风速较大容易形成雨凇，温度和风速较低容易形成雾凇，混合凇的形成条件介于雨凇和雾凇的气象条件之间。

一般来说，最易覆冰的温度为 –8 ~ 0 ℃，当导线所处环境气温达到 –20 ~ –15 ℃或更低时，空气中水滴将变成冰雹或雪花，导线上反而不易于形成覆冰，而就导线覆冰增长率而言，温度为 0 ℃时，空气中过冷水滴下降到地面过程中容易遇冻迅速结成冰晶，导线覆冰增长最快。导线覆冰除了需要合适的温度外，还必须要求空气相对湿度达到 90%以上。

导线覆冰过程中，风速和风向是重要的影响因素，合适的风速和风向才能够把大量过冷却水滴吹向导线，促使过冷却水滴与导线发生有效碰撞并冻结于导线表面，形成覆冰。研究表明导线覆冰的最快风速为 3 ~ 6 m/s，当风速小于 3 m/s 时，风速增大，单位时间向导线输送的水滴越多，导线结冰越快；当风速大于 6 m/s 时，单位时间向导线输送的水滴增加但是水滴与导线的有效碰撞将减小，因而此时导线覆冰速度随风速增大反而降低。

2. 地理环境因素

导线覆冰要适宜的温度、湿度和风速，而不同的地理环境覆冰条件差异明显，研究表明导线覆冰的轻重与坡向、分水岭、风口、江湖水体等因素密切相关。东西走向山脉的北坡，受冬季季风的影响，导线单位时间与单位面积内接触的过冷水滴相对较南坡多，导线覆冰较为严重。同时分水岭、风口处线路的导线受风的影响，有更多的机会接触过冷水滴，覆冰较其他地形严重。此外河网错综复杂、密布地区，水汽充足，空气湿度较大，导线更容易产生覆冰。

3. 本体特征因素

配电线路的走向、导线悬挂高度、导线直径等本体特征因素也会对导线的覆冰造成影响，具体分析如下：

由于导线的覆冰与风速有关，而导线覆冰多发生在严冬或初春季节，我国此时盛行北风或西北风，因而东西走向的线路覆冰比较严重。风向与导线垂直，单位时间与单位面积内导线上碰到过冷却水滴的概率大，发生覆冰的可能性高。相关研究表明导线覆冰厚度和线路与风向的夹角几乎成正弦关系。

过冷却水滴是导线覆冰形成的必要条件，导线悬挂高度越高，空气中含水量越大且风速越大，单位时间内向导线输送的过冷却水滴越多，覆冰就会更加严重。因此，导线覆冰厚度随导线悬挂高度的增加而增加。

相关研究表明导线所处环境的风速在 3 ~ 8 m/s 时，单位长度导线覆冰量随导线直径增大而增大；当风速大于 8 m/s 时，导线直径越大其覆冰量越重，但导线覆冰厚度随导线直径增加而减小。由于导线覆冰都是在迎风面上生长，到一定厚度后会对导线产生扭转力矩，导线扭转后覆冰会加速增长。档距中央的导线扭转程度相比其他部位更大，在风的作用下过冷却水滴能够比较均匀地积聚导线表面,因此该部分的导线覆冰增长快,质量大。

(三)配电线路覆冰故障的表现形式

1.覆冰过荷载

覆冰过荷载是在导线覆冰之后,线路的垂直荷载增大,同时在受到风速的影响之后,水平荷载也会相应增加,过荷载较轻时故障形式为短路跳闸,严重时会造成倒塔、断线等事故。

微课 2.7　架空线路
覆冰故障分析(上)

当导线覆冰达到一定体积和质量之后,由于垂直荷载的增大,导线弧垂增大,造成导线对地绝缘距离不足从而会引发导线对地闪络事故。同时,覆冰不等的导线受到风速影响和将会造成导线的相间安全距离不足,引发相间短路事故。

导线覆冰严重时,由于过荷载和不平衡张力的影响,则可能超过导线、金具、绝缘子及杆塔的机械强度,一是可能造成绝缘子、金具损坏;二是可能造成导线从压接管内抽出、钢芯抽出等事故;三是造成杆塔基础下沉、倾斜,杆塔折断甚至倒塌等。

2.覆冰舞动

覆冰舞动是指导线由于不均匀覆冰后,固有频率发生改变,容易在风的作用下产生一种频率为 $0.1 \sim 3$ Hz、振幅 10 m 以上的自激振动。导线覆冰舞动的发生取决于三方面的因素:一是导线不均匀覆冰,通常雨凇覆冰不均匀程度更大,易发生导线舞动现象。二是风的激励,风激励是导线舞动的直接原因,风向与导线轴线夹角决定了舞动的大小和状态,夹角为 90°时,引起舞动的可能性最大。此外,风速对舞动亦会有影响,据相关统计表明风速为 $5 \sim 10$ m/s 时,占据导线舞动比例的一半。三是线路结构参数,导线表面越粗糙越易结冰,发生舞动的可能性就越大。大截面导线和分裂导线容易产生偏心覆冰,比常规导线更会发生舞动。此外,导线档距越大,吸收的能量越大,舞动幅度也越大。

导线舞动对线路安全运行威胁很大,轻者将会引起导线发生相间闪络,引起电网跳闸事故;严重时将会造成金具及绝缘子损坏,导线断股、断线,杆塔螺栓松动、脱落,甚至倒塔,从而引起重大电网事故。为防止线路舞动,可以安装相间间隔棒、线夹回转式间隔棒、双摆防舞器、失谐摆、偏心重锤等装置。

3.脱冰跳跃

脱冰跳跃是指导地线上覆低密度的霜凇、雾凇、雪凇等,由于其粘结不足在风或自重的作用下,自动脱落,导地线受力突然发生变化,引起导地线跳跃的现象。导地线的不同期脱冰还会因两者间绝缘距离不足引发放电,例如耐张塔引流线与横担接近发生放电跳闸事故,悬垂绝缘子串偏移到横担的放电跳闸事故。此外,脱冰跳跃容易造成导地线受损、滑动,严重时还会造成直线杆塔倾斜、受损,甚至倒杆塔事故。

4.绝缘子覆冰闪络

覆冰闪络是指绝缘子伞裙被冰凌桥接,绝缘强度降低,泄漏距离缩短而发生的绝缘子闪络事故,绝缘子覆冰闪络属于污闪。此外,在融冰过程中,冰层表面会存在较高电导率的水膜,使绝缘子泄漏电流增大,同时,冰桥会导致绝缘子电场畸变,降低闪络电压(图 2-7)。通常绝缘子覆冰闪络会有持续电弧,易造成绝缘子烧伤。

(四)配电线路防覆冰防范措施

1.线路防冰设计

微课2.8 架空线路
覆冰故障分析(下)

一般而言,防止输配电线路发生覆冰事故的最佳方法,是在设计阶段采取有效措施,尽量避开不利地形。从前面的分析中可以发现,输配电线路应尽量避免横跨垭口、风道,避免通过湖泊、水库等容易覆冰地段。在翻越山岭时应避免大档距、大高差。沿山岭通过时,宜沿覆冰季节背风向阳走线。同时导线的覆冰厚度设计值,应根据附近已有线路

图2-7 冰桥

运行经验或相应规程规范确定,做到减少配电线路覆冰概率和减轻覆冰给电网带来的危害为目的。

2.线路除冰技术

防止导线覆冰事故发生的措施从原理上可分为防冰和除冰两种。防冰方法是在导线覆冰前采取各种有效技术措施,使雨凇、雾凇、霜凇等无法在导线上积覆,或保证导线因覆冰带来的荷载在导线的承受范围之内。除冰的方法是导线覆冰达到危险状态后采取有效措施,部分或全部除去导地线上的覆冰。考虑配电线路运行的经济性,大部分都是采用除冰方法。

一般而言,覆冰导线应优先采用融冰方式去除覆冰。必要时,在确保安全情况下考虑人工除冰。对于覆冰导线的融冰方法,应优先选择直流融冰方式。当导线覆冰厚度超过设计值时,为防止除冰后不平衡张力破坏线路,尽可能采用交流融冰方式。在导线覆冰季节来临时,融冰顺序先主网后中低压电网,因而配电线路通常采取人工除冰方式。一般35 kV及以上线路导地线可以采用滑轮碾压铲刮法、地面链球击打法、地面鞭击振动法除冰。10 kV配网导线可以采用外力敲打法、单相导线上下抖动法、三相或四相导线相互撞击法来去除导线覆冰。

二、实践咨询

（一）工作准备

（1）班级学生形成 6~7 人的线路运行班组，各线路运行班组自行选出组长。

（2）组长召集组员利用课外时间收集有关××配电线路覆冰故障资料。

（3）分工协作撰写《配电线路覆冰故障案例分析报告》，并形成汇报 PPT。

（二）操作步骤

（1）线路运行班向指导老师汇报"配电线路覆冰故障案例分析"。

（2）班组成员记录指导老师和其他分析班组对本组汇报的点评。

（3）负责人组织成员参照意见修改《配电线路覆冰故障案例分析报告》。

（4）召开"配电线路覆冰故障案例分析"工作总结会议，点评成员在完成本次任务中的表现。

（5）任务完成，线路运行班将修改后的《配电线路覆冰故障案例分析报告》文档、汇报 PPT、工作总结及成员成绩交给指导老师。

【拓展知识】

1. DL/T5220《10 kV 及以下架空配电线路设计规范》中的规定

（1）最大设计风速、设计冰厚重现期应取 30 年。

（2）导线的覆冰厚度，应根据附近已有线路运行经验确定，导线覆冰厚度宜取 5 mm 的倍数。轻冰区宜按无冰、5 mm 或 10 mm 覆冰厚度设计，中冰区宜按 15 mm 或 20 mm 覆冰厚度设计，重冰区宜根据工程实际条件确定。

（3）重冰区架空配电线路不宜架设地线。

2. GB 50061—2010《66 kV 及以下架空电力线路设计规范》中的规定

设计覆冰厚度为 5 mm 及以下的地区，上下层导线间或导线与地线间的水平偏移，可根据运行经验确定；设计覆冰厚度为 20 mm 及以上的重冰地区，导线宜采用水平排列。35 kV 和 66 kV 架空电力线路，在覆冰地区上下层导线间或导线与地线间的水平偏移，不应小于表 2-4 所列数值。

表 2-4 覆冰地区上下层导线间或导线与地线间的最小偏移

设计覆冰厚度/mm	最小水平偏移/m	
	线路电压 35 kV	线路电压 66 kV
10	0.20	0.35
15	0.35	0.50
≥20	0.85	1.00

【任务实施】

任务工单

任务描述:××配电线路运行班接到工作任务通知,××配电线路覆冰故障案例分析。

1.咨询(课外完成)

(1)配电线路覆冰有几种类型?

(2)配电线路覆冰故障的表现形式有哪些?

(3)如何预防配电导线覆冰事故的发生?

2.决策

(1)岗位划分:

班 组	岗 位			
	班 长	报告撰写员	PPT 制作	资料收集员

(2)编制《配电线路覆冰事故案例分析报告》。

①配电线路覆冰的种类;

②配电线路覆冰的影响因素;

③配电线路覆冰事故的表现形式；

④导线覆冰事故的预防和消除措施。

3.配电线路覆冰故障案例分析汇报
学生进行具体分析汇报。
4.检查及评价

考评项目	自我评估	组长评估	教师评估	备 注
团队合作20%				
案例分析报告35%				
案例分析汇报30%				
安全文明15%				

任务2.4 鸟害故障案例分析

【教学目标】

1.知识目标
(1)了解配电线路鸟害故障的类型和形成原因。
(2)了解配电线路鸟害故障发生的规律。
(3)掌握防止配电线路鸟害故障发生的措施。
2.能力目标
(1)具备分析配电线路鸟害故障案例的能力。
(2)能够根据现场状况分析配电线路鸟害的风险。
(3)能够根据现场状况提出防止配电线路鸟害故障发生的措施。
3.素质目标
(1)能主动学习,在完成任务过程中发现问题、分析问题和解决问题。
(2)能与小组成员协商、交流配合完成本次学习任务,养成分工合作的团队意识。

（3）严格遵守安全规范,爱岗敬业、勤奋工作。

【任务描述】

任务名称:配电线路鸟害故障案例分析。

任务内容:××配电线路运行班接到工作任务通知,对××配电线路进行鸟害故障案例分析。

（1）班组协作分工,制订工作计划。

（2）班组收集有关××配电线路鸟害故障资料。

（3）班组撰写《配电线路鸟害故障案例分析报告》。

（4）班组准备5 min汇报PPT进行汇报。

（5）班组内部进行客观评价,完成评价表。

【相关知识】

微课2.9　架空线路
鸟害故障分析（上）

一、理论咨询

（一）鸟害故障的成因

1.鸟粪闪络故障

鸟粪闪络故障是指由栖息在杆塔上的鸟类排泄物引起的闪络事故。通常鸟粪闪络故障包含3类:一是鸟类排泄物沿绝缘子下流到带电体,造成单相接地故障;二是鸟类排泄物通道靠近绝缘子,导致绝缘子周边电场畸变,使得绝缘子两端间发生了空气击穿,从而引起绝缘子闪络;三是鸟类排泄物积累于配电线路绝缘子上,受潮后排泄物中电解质物质溶于水,在绝缘子表面形成一层导电膜,导致绝缘子电气绝缘水平降低,甚至出现强烈的放电现象,引起绝缘子闪络故障。鸟粪闪络故障是鸟害故障的主要表现,相关统计表明鸟粪闪络故障占鸟害故障的比例可达85%以上,是影响配电线路安全运行的重要因素。

2.鸟巢短路故障

鸟巢短路故障是指鸟类在筑巢过程中或由于巢穴的影响引起的线路短路跳闸故障。运行经验表明鸟巢短路故障主要是由喜鹊、乌鸦、苍鹰等鸟类造成的。一方面由于大型鸟类口叼的树枝、铁丝、柴草等筑巢物体在线路上空飞行时不慎掉落,引起导线与杆塔或导线与导线间的短路故障;另一方面是由于鸟类巢穴受风等因素影响,筑巢物体落在带电导线或绝缘子上,造成线路短路接地故障。鸟巢短路故障的比例仅次于鸟粪闪络故障,但是鸟巢短路故障重合闸成功率不高,容易引发电网的停电事故。

除上述两类占比较大的鸟害故障类型外,还有包括猫头鹰等猛禽飞行碰触导线引起的跳闸故障,猎食中导致蛇、鸟类内脏掉落到线路上引起的跳闸事故,鸟类啄食复合绝缘子导致绝缘性能下降的击穿闪络事故等。电力线路的常见鸟害故障隐患如图 2-8 所示。

(二)鸟害故障的特点

相关统计分析表明鸟害故障特点主要表现为季节性、区域性、瞬时性、时间性、迁移性和重复性,详细见表 2-5。

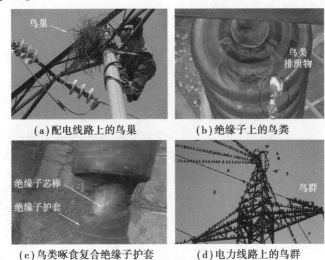

(a)配电线路上的鸟巢　　(b)绝缘子上的鸟粪

(c)鸟类啄食复合绝缘子护套　　(d)电力线路上的鸟群

图 2-8　电力线路的鸟害故障隐患

表 2-5　鸟害故障的特点

故障特点	原　因	鸟害故障防范指导建议
季节性	鸟类活动受季节影响	(1)冬季电力线路杆塔落鸟概率增加,鸟害故障的概率增大; (2)春季是鸟类繁殖旺季,电力线路杆塔上的鸟巢增多,发生鸟害故障的概率增大。
区域性	鸟类有不同栖息习性和环境要求	(1)在人类活动比较集中的城市和乡镇,线路发生鸟害故障的概率极小; (2)人员稀少、林木茂密或邻近河、湖等区域的配电线路发生鸟害故障的概率明显增大; (3)积累经验、充分研究、正确划分鸟害区,有针对性地采取防范措施。
瞬时性	鸟类排泄物、筑巢材料等引发线路跳闸后,往往能够自动重合闸成功	(1)鸟粪、猛禽飞行碰触导线等鸟害故障,自动重合闸成功率高,属于单相接地瞬时故障; (2)鸟类筑巢引发的线路短路故障重合闸成功率不高,对电网危害较大。

续表

故障特点	原 因	鸟害故障防范指导建议
时间性	鸟类捕食、筑巢等活动在一天中具有明显的时间规律性	(1)鸟粪闪络故障和猛禽飞行故障在夜间发生的概率比较大； (2)鸟巢短路故障基本在白天发生。
迁移性	鸟类杆塔栖息条件被破坏后会在该杆塔另一个位置或附近杆塔上重新寻找栖息地	(1)鸟巢拆除后容易在杆塔上更危险的位置构筑新巢； (2)在设置防鸟设施时还需要适当扩大防治范围。
重复性	同一类型的鸟害故障在同一基杆塔上在短时间内可能重复发生	掌握鸟害故障发生的重复性对于分析线路跳闸故障的类型和找到故障点有一定的帮助。

　　配电线路鸟害故障的特点与区域鸟的种类、活动规律息息相关，同时还与配电线路运行单位的维护管理情况相关。鸟巢短路故障季节性强，容易发现，从而比较容易防范，只要及时正确地做好拆除鸟巢工作，该类故障基本上可以控制。但是鸟粪闪络故障和猛禽飞行类故障随机性相对较大，是配电线路鸟害故障防治的难点。

（三）鸟害故障的防范措施

　　根据对鸟害故障形成机理和基本特征的分析，可将配电线路鸟害故障防范对策从原理上划分为 3 类。第一类是避免鸟类在杆塔上活动，包括超声波驱鸟器、风力驱鸟器等。第二类是阻止鸟类在配电线路的关键部位活动，包括防鸟刺、挡鸟板等。第三类是避免线路发生接地短路，如线路的绝缘化改造。常见的鸟害故障的防范措施如图 2-9 所示，不同鸟害故障的防范措施特点见表 2-6。

微课 2.10　架空线路
鸟害故障分析（下）

表 2-6　鸟害故障的防范措施分析表

措 施	原 理	优 点	缺 点
安装超声波驱鸟器	通过发出超声波刺激鸟类神经系统，破坏其生存环境，使鸟类远离超声波覆盖的范围。	(1)电压低、功耗小； (2)使用寿命长、性能可靠、维修量小。	(1)造价较高； (2)安装较复杂； (3)鸟类适应后效果明显降低。
安装风力驱鸟器	以自然风力为动力，采用风轮转动干扰或强光照射干扰两种形式对鸟类进行惊吓驱赶。	(1)造价低、无后续成本 (2)安装方便、免维护。	鸟类较易适应
安装防鸟刺	采用钢绞线分散成球状，有效防止鸟落在防鸟刺安装的位置。	(1)成本较低； (2)安装简便，不用维护。	(1)妨碍配电线路检修作业； (2)相间电气距离短易造成导线相间短路和单相接地。

续表

措　施	原　理	优　点	缺　点
搭建鸟巢	在配电线路附近，按照不同鸟的筑巢习惯，搭建鸟巢，吸引鸟类离开线路。	能够兼顾电网的安全稳定运行与鸟类繁衍生息	针对性不强，效果不一定好
挡鸟板	在绝缘子上安装绝缘隔板，避免鸟类排泄物、筑巢材料落下。	适合宽横担大面的封堵	(1)造价高；(2)拆装不便、不适合风速较高的地区。
绝缘化改造	耐张横担引流线采用绝缘导线或杆塔附近裸导线采取绝缘包覆，防止鸟巢的单相接地或短路故障发生。	增大绝缘强度，有一定的防鸟粪闪络效果	受投资数量的限制，实施区域有限

(a)超声波驱鸟器　　　　(b)挡鸟板

(c)防鸟刺　　　　(d)风光驱鸟器

图 2-9　防治鸟害故障的措施

　　除了上述鸟害故障的防范措施外，还需要结合配电线路相关运行经验准确划分不同区域、不同类型的鸟害故障，在鸟害故障高发期加大对事故多发区域线路的专项巡视和检查力度，及时处理杆塔上的鸟巢，充分掌握绝缘子污秽状况，避免引发鸟粪闪络事故。

　　总之，鸟害防范措施既要能够有效避免配电线路因鸟类活动而出现的安全事故，同时又要能够保护鸟类生态环境。

二、实践咨询

(一)工作准备

(1)班级学生形成6~7人的配电线路运行班组,各配电线路运行班组自行选出组长。

(2)组长召集组员利用课外时间收集有关××配电线路鸟害故障资料。

(3)分工协作撰写《配电线路鸟害故障案例分析报告》,并形成汇报PPT。

(二)操作步骤

(1)线路运行班向指导老师汇报"配电线路鸟害故障案例分析"。

(2)班组成员记录指导老师和其他分析班组对本组汇报的点评。

(3)负责人组织成员参照意见修改《配电线路鸟害故障案例分析报告》。

(4)召开"线路鸟害故障案例分析"工作总结会议,点评成员在完成本次任务中的表现。

(5)任务完成,线路运行班将修改后的《配电线路鸟害故障案例分析报告》文档、汇报PPT、工作总结及成员成绩交给指导老师。

【任务实施】

任务工单

任务描述:××线路运行班接到工作任务通知,××线路鸟害故障案例分析。

1.咨询(课外完成)

(1)配电线路鸟害故障有几种类型?

(2)如何防止配电线路发生鸟害故障事故?

2.决策

(1)岗位划分:

班　组	岗　位			
	班　长	报告撰写员	PPT制作	资料收集员

（2）编制《配电线路鸟害故障案例分析报告》。

①配电线路鸟害故障的类型。

②配电线路鸟害故障的形成原因。

③配电线路鸟害故障的发生规律。

④防止配电线路鸟害故障发生的措施。

3. 配电线路鸟害故障案例分析汇报

学生进行具体分析汇报。

4. 检查及评价

考评项目	自我评估	组长评估	教师评估	备 注
团队合作 20%				
案例分析报告 35%				
案例分析汇报 30%				
安全文明 15%				

任务 2.5 外力破坏故障案例分析

【教学目标】

1. 知识目标

（1）掌握配电线路外力破坏故障的类型。

（2）了解配电线路外力破坏故障的原因。

（3）掌握防止配电线路外力破坏故障发生的相关措施。

2．能力目标

（1）具备分析配电线路外力破坏故障案例的能力。

（2）能够根据现场状况评估配电线路外力破坏故障风险。

（3）能够根据现场状况提出防止配电线路发生外力破坏故障的措施。

3．素质目标

（1）能主动学习，在完成任务过程中发现问题、分析问题和解决问题。

（2）能与小组成员协商、交流配合完成本次学习任务，养成分工合作的团队意识。

（3）严格遵守安全规范，爱岗敬业、勤奋工作。

【任务描述】

任务名称：配电线路外力破坏故障案例分析。

任务内容：××配电线路运行班接到工作任务通知，对××配电线路进行外力破坏故障案例分析。

（1）班组协作分工，制订工作计划。

（2）班组收集有关××配电线路外力破坏故障资料。

（3）班组撰写《配电线路外力破坏故障案例分析报告》。

（4）班组准备 5 min 汇报 PPT 进行汇报。

（5）班组内部进行客观评价，完成评价表。

【相关知识】

微课 2.11　架空线路外力破坏故障分析（上）

一、理论咨询

配电线路外力破坏故障是指人们在有意无意之中，直接或间接引起的配电线路设施损坏、导线之间或导线对地闪络等故障。配电线路大量的外力破坏故障都是由于人们疏忽大意或对配电线路安全运行的相关知识了解不够引发的。相关统计表明，配电线路外力破坏故障是线路跳闸故障的主要原因之一，并且故障发生后自动重合闸率相对较低，容易造成电网的永久停电事故，对电网安全运行影响很大。

（一）外力破坏故障类型

1．施工作业破坏

导线边线向外侧水平延伸并垂直于地面所形成的两平行面内的区域为架空电力线路保

护区,一般 1~10 kV 电压导线的边线延伸距离为 5 m,35 kV 电压导线的边线延伸距离为 10 m。施工作业破坏主要是由线路保护区及其附近的起重、挖掘、爆破、装运等施工作业引起的配电线路本体及附属设施损坏,从而造成线路故障。施工作业引发的配电线路外力破坏故障形式主要有以下 5 个方面。

(1)塔吊、挖掘机、吊车等起重机械违章操作接近或接触导线,引起导线对地或导线间的短路故障,严重时会造成导线断裂、杆塔倾覆等。

(2)压桩机、铲车、采砂船等超高车辆穿越配电线路下方,由于安全距离不足引起裸导线放电或绝缘导线破损对地放电事故(图 2-10)。

图 2-10 渣土车车斗超高造成导线因距离不足放电

(3)机动车失控、杆塔位置不合适或杆塔未及时迁改、行车路面摩擦系数太小等原因,引起机动车碰撞路边杆塔、基础及拉线,造成配电线路设施损坏。

(4)配电线路档距内进行线缆展放、树木砍伐等作业,由于线缆失控弹跳、脚手架接触带电导线、倾倒树木碰触带电导线等放电事故。

(5)配电线路附近进行爆破作业,由于防护不当导致飞石损坏导地线、绝缘子、塔材等配电线路设施。

配电线路保护区内及附近施工作业引发的外力破坏故障占比相对较大,且极易形成线路的金属性永久接地故障,严重时将会引起导线断裂、杆塔倾倒等严重事故,如图 2-11(a)、(b)所示。

2. 树障

在山区或城市郊区,配电线路受地形和环境的限制会穿越林区、果园、行道树等区域,如图 2-6(c)所示,疏于对配电线路走廊树木的清理或部分人员在配电线路防护区内违规种植超高树木;在雨天空气湿度过大时,超高树木就会成为导电体,对周围建筑、设备或人员构成危害,危及电网的安全运行,甚至可能造成重大设备、人身伤亡事故。

3. 异物短路

配电线路异物短路故障主要表现为尼龙绳、包装袋、薄膜、风筝、广告布、气球、飘带、锡箔纸等异物在强风作用下碰触或飘挂于配电导线或杆塔之上,造成配电线路空间电场畸变使得线路绝缘裕度下降,严重时直接短接空气间隙,导致导线对地、导线对导线、导线对杆塔发生放电,从而引起配电线路跳闸事故。由于漂挂物悬挂于导线上往往难以脱离,且在发生第一次闪络后,空气间隙中游离导电离子增加,促使线路绝缘裕度下降,而重合闸所产生的过电压会使空气间隙发生二次闪络事故。因此线路飘挂物通常会引发电网的连续跳闸事故,极端情况下会造成导线熔断,如图2-11(d)所示。

(a)配电线路下方吊车作业

(b)线路杆塔被车辆撞毁

(c)配电线路下方超高树木

(d)线路上的飘挂物

图2-11　电力线路的外力破坏故障隐患及事故

4.蓄意破坏

蓄意破坏是指配电线路本体及附属设施被盗窃和人为破坏,包括杆塔塔材、螺丝被盗拆,导地线、拉线被盗割,附属设施和装置遭偷盗和损坏等,给配电线路的安全运行带来了极大的隐患,严重情况下会出现倒塔、断线,甚至威胁到生命、财产等公共安全事故。

5.烟火故障

配电线路走廊发生烟火时,火焰温度极高会降低空气气隙的击穿电压,同时可燃物在燃烧时产生大量碳化的固体小颗粒,带电粒子和烟气颗粒结合成为高电导率的颗粒飘浮在空气中促使电场畸变,导致空气绝缘强度下降,从而易造成导线对地、导线间以及导线对塔材的放电现象。同时,极高的火焰温度会导致配电线路设备损坏,给配电线路的安全运行带来严重危害。

(二)外力破坏故障的原因分析

外力破坏故障的主要原因是在一些单位和个人置电力设施安全不顾,在电力设施保护区内盲目施工,违规作业,甚至是盗窃或蓄意破坏线路设备等,具体原因分析如下:

(1)电力法律法规体系不完善,同时电力设施保护联动机制不健全,致使电力设施的保护缺乏有效的司法保证,电力行政执法实施效果不佳。尤其是在执法过程中与《物权法》《森林法》等法律条款相冲突时,现场依法保护电力设施的措施难以执行到位。

(2)电力设施保护宣传力度及普及面不够。配电线路保护区内大型机械施工作业人员安全意识薄弱,违章施工作业。部分沿线群众缺乏配电线路保护意识,存在线下违章植树、建筑等行为。个别人员法律意识淡薄,受利益驱动从而产生破坏线路附件和盗窃线路设备的行为。

(3)配电线路覆盖面广、地处环境复杂多变、距离地面高度相对较低且与人类生产生活密切相关,本身就是外力破坏故障的高发线路,加上技术防范资金投入相对不足,基层单位外力破坏防护难度大,任务艰巨,难以及时发现配电线路的外力破坏隐患。

(三)配电线路外力破坏的防治

(1)完善电力立法,提高电力设施保护的司法保障,健全电力设施保护联动机制,加大打击破坏电力设施犯罪行为的力度。目前我国已颁布了《中华人民共和国电力法》《电力设施保护条例》和《电力设施保护条例实施细则》等法律法规,但电力行政执法未得到有效实施,尤其是存在树线、房线矛盾,电力设施的保护难以操作到位。因此,应加快

微课 2.12　架空线路外力破坏故障分析(下)

完善电力设施保护行政法律体系,明确电力设施保护中的相邻关系和地役权,同时要和公安机关交流情况、沟通信息、联防联动,加大对破坏电力设施的打击力度,创造一个良好的电力设施运行环境。

(2)加强宣传教育,普及电力设施保护法律法规,营造保护电力设施的良好氛围。一是要充分利用广播、电视、宣传栏等方式,开展针对性的宣传普及,提高人民群众对电力设施保护的认同感,切实增强广大群众保护电力设施意识;二是加强与靠近配电线路施工作业单位的沟通协调,针对吊车、挖机、特种运输车辆的操作人员开展电力安全及电力设施保护等相关培训,提高配电线路保护区及附近作业人员的安全责任意识。三是通过普及教育,努力构建群众参与监督,社会大力支持的电力设施保护队伍。

(3)加强配电线路管理。一是要提高配电线路在线监测水平,在外力破坏故障高发区安装防外力破坏视频监控系统,特别是存在施工作业的配电线路区域,通过视频、语言等方式实现对配电线路的实时监管,及时制止危险作业、违规作业。二是要提高线路自身抗破坏能力,把更多的物力和人力投入到电力设施的技术防范上来,增加科技含量,加强技术更新改造,不断提高电力设施保护的自防自卫能力。三是要优化线路巡视方案,完善信息预警机制,掌握线路防外力破坏的主动权,善于发现配电线路的危险点、危险源。四是强化属地管理,明确不同责任主体,充分发挥属地化管理的优势,对属地故障隐患要进行重点监控,对施工作业现场要进行指导和监护。

二、实践咨询

(一)工作准备

(1)班级学生形成 6~7 人的线路运行班组,各线路运行班组自行选出组长。

(2)组长召集组员利用课外时间收集有关××配电线路外力破坏故障资料。

(3)分工协作撰写《配电线路外力破坏故障案例分析报告》,并形成汇报 PPT。

(二)操作步骤

(1)线路运行班向指导老师汇报"配电线路外力破坏故障案例分析"。

（2）班组成员记录指导老师和其他分析班组对本组汇报的意见和建议。

（3）负责人组织成员参照意见修改《配电线路外力破坏故障案例分析报告》。

（4）召开"配电线路外力破坏故障案例分析"工作总结会议,点评成员在完成本次任务中的表现。

（5）任务完成,线路运行班将修改后的《配电线路外力破坏故障案例分析报告》文档、汇报 PPT、工作总结及成员成绩交给指导老师。

【拓展知识】

1. DL/T5220《10 kV 及以下架空配电线路设计规范》中的规定

（1）导线与地面、建筑物、构筑物、树木、铁路、道路、河流、管道、索道及各种架空线路间的距离,应按下列原则确定:

①应根据最高气温情况或覆冰情况求得的最大弧垂和最大风速情况或覆冰情况求得的最大风偏进行计算。

②计算上述距离应计入导线架线后塑性伸长的影响和设计、施工的误差,但不应计入由于电流、太阳辐射、覆冰不均匀等引起的弧垂增大。

③当架空配电线路与标准轨距铁路、高速公路和一级公路交叉,且架空电力线路的档距超过 200 m 时,最大弧垂应按导线最高长期允许工作温度计算。

（2）1 kV~10 kV 架空配电线路通过林区应砍伐出通道,通道宽度不宜小于线路两侧向外各延伸 2.5 m,当采用绝缘导线时不应小于 1 m。在下列情况下,如不妨碍架线施工,可不砍伐通道:

①树木自然生长高度不超过 2 m。

②导线与树木（考虑自然生长高度）之间的垂直距离,不小于 3 m。

③架空配电线路通过公园、绿化区和防护林带,导线与树木的净空距离在最大风偏情况下不应小于 3 m。

④架空配电线路通过果林、经济作物以及城市灌木林,不应砍伐通道,但导线至树梢的距离不应小于 1.5 m。

⑤架空配电线路的导线与街道行道树之间的距离,不应小于表 2-7 所列数值。

表 2-7　导线与街道行道树之间的最小距离值

情　境	电　压	最小距离/m
最大弧垂情况的垂直距离	1 kV 以下	1.0
	1~10 kV	1.5（绝缘导线 0.8）
最大风偏情况的垂直距离	1 kV 以下	1.0
	1~10 kV	2.0

2. Q/GDW1519—2014《配电网运维规程》中的规定

(1)架空配电线路通道的巡视:

①线路保护区内有无易燃、易爆物品和腐蚀性液体、气体。

②导线对地、道路、公路、铁路、索道、河流、建筑物等的距离应符合表2-8—表2-10所示的相关规定,有无可能触及导线的铁烟囱、天线、路灯等。

表2-8   架空线路与其他设施的安全距离限制

项　　目		10 kV		20 kV	
		最小垂直距离	最小水平距离	最小垂直距离	最小水平距离
对地距离	居民区	6.5 m	/	7.0 m	/
	非居民区	5.5 m	/	6.0 m	/
	交通困难区	4.3 m(3.0 m)	/	5.0 m	/
与建筑物		3.0 m(2.5 m)	1.5 m(0.75 m)	3.5 m	2.0 m
与行道树		1.5 m(0.8 m)	2.0 m(1.0 m)	2.0 m	2.5 m
与果树、经济作物、城市绿化、灌木		1.5 m(1.0 m)	/	2.0 m	/
甲类火险区		不允许	杆高1.5倍	不允许	杆高1.5倍

注:( )内为绝缘导线

表2-9   架空配电线路与铁路、道路、河流的最小水平距离表

项　　目			1 kV 以下	1~10 kV
铁路	标准轨距	电杆外缘至轨道中心	交叉:5.0 m	
	窄轨		平行杆高+3.0 m	
	电气化线路		平行杆高+3.0 m	
公路		电杆中心至路面边缘	0.5 m	
电车道		电杆中心至路面边缘/电杆外缘至轨道中心	0.5 m/3.0 m	0.5 m/3.0 m
通航河流		与拉纤小路平等的线路,边导线至斜坡上缘	最高电杆高度	
不通航河流				

表 2-10 架空配电线路与铁路、道路、河流的最小垂直距离表

项 目			1 kV 以下	1 ~ 10 kV
铁路	标准轨距	至轨顶	7.5 m	7.5 m
	窄轨		6.0 m	6.0 m
	电气化线路	至接触线或承力索	线路入地	线路入地
公路	至路面		6.0 m	7.0 m
电车道	至接触线/路面		3.0 m/9.0 m	3.0 m/9.0 m
通航河流	至常年高水位		6.0 m	6.0 m
	至最高航行水位的最高船桅顶		1.5 m	1.5 m
不通航河流	至最高洪水位		3.0 m	3.0 m
	冬季至冰面		5.0 m	5.0 m

③有无存在可能被风刮起危及线路安全的物体(如金属薄膜、广告牌、风筝等)。

④线路附近的爆破工程有无爆破手续,其安全措施是否妥当。

⑤防护区内栽植的树、竹情况及导线与树、竹的距离是否符合规定,有无蔓藤类植物附生威胁安全。

⑥是否存在对线路安全构成威胁的工程设施,如施工机械、脚手架、拉线、开挖、地下采掘、打桩等。

⑦是否存在电力设施被擅自移作他用的现象。

⑧线路附近出现的高大机械、揽风索及可移动的设施等。

⑨线路附近有无射击、放风筝、抛扔杂物、飘洒金属和在杆塔、拉线上拴牲畜等。

⑩是否存在在建、已建违反《电力设施保护条例》及《电力设施保护条例实施细则》的建筑和构筑物。

⑪通道内有无未经批准擅自搭挂的弱电线路等。

(2)在以下区域应按规定设置明显的警示标志:

①架空电力线路穿越人口密集、人员活动频繁的地区。

②车辆、机械频繁穿越架空电力线路的地段。

③电力线路上的变压器平台。

④临近道路的拉线。

⑤电力线路附近的鱼塘。

⑥杆塔脚钉、爬梯等。

3.《电力设施保护条例》规定

(1)架空电力线路设施的保护范围为杆塔、基础、拉线、接地装置、导线、避雷线、金具、绝缘子、登杆塔的爬梯和脚钉,导线跨越航道的保护设施,巡(保)线站,巡视检修专用道路、船舶和桥梁,标志牌及其有关辅助设施。

（2）任何单位或个人,不得从事下列危害电力线路设施的行为:

①向电力线路设施射击。

②向导线抛掷物体。

③在架空电力线路导线两侧各 300 m 的区域内放风筝。

④擅自在导线上接用电器设备。

⑤擅自攀登杆塔或在杆塔上架设电力线、通信线、广播线,安装广播喇叭。

⑥利用杆塔、拉线作起重牵引地锚。

⑦在杆塔、拉线上拴牲畜、悬挂物体、攀附农作物。

⑧在杆塔、拉线基础的规定范围内取土、打桩、钻探、开挖或倾倒酸、碱、盐及其他有害化学物品。

⑨在杆塔内(不含杆塔与杆塔之间)或杆塔与拉线之间修筑道路。

⑩拆卸杆塔或拉线上的器材,移动、损坏永久性标志或标志牌。

（3）任何单位或个人在架空电力线路保护区内,必须遵守下列规定:

①不得堆放谷物、草料、垃圾、矿渣、易燃物、易爆物及其他影响安全供电的物品。

②不得烧窑、烧荒。

③不得兴建建筑物、构筑物。

④不得种植可能危及电力设施安全的植物。

新设备应用:全自主带电涂覆机器人绝缘涂抹作业

　　近期,云南红河供电局首次应用带电涂覆新技术在 35 千伏导线上完成了导线带电绝缘涂抹作业。工作原理是运用智能机器人在架空导线上开展带电作业在导线上涂抹、覆盖上一层 4 毫米厚的绝缘材料,就像为裸导线穿上一件绝缘服瞬间变身绝缘线,安全、快速、有效降低人员触电风险。

图 2-12　全自主带电涂覆机器人绝缘涂抹作业

【任务实施】

任务工单

任务描述：××配电线路运行班接到工作任务通知，××配电线路外力破坏故障案例分析。

1. 咨询（课外完成）

（1）配电线路外力破坏故障的成因有哪些？

（2）如何防止配电线路发生外力破坏故障？

2. 决策

（1）岗位划分：

班　组	岗　位			
	班　长	报告撰写员	PPT 制作	资料收集员

（2）编制《配电线路外力破坏故障案例分析报告》。

①配电线路外力破坏故障的原因；

②配电线路外力破坏故障的防范措施。

3. 配电线路外力破坏故障案例分析汇报

学生进行具体分析汇报。

4. 检查及评价

考评项目	自我评估	组长评估	教师评估	备　注
团队合作20%				
案例分析报告35%				
案例分析汇报30%				
安全文明15%				

项目 3 配电线路带电检测

【项目描述】

使学生熟悉配电线路的运行要求,理解配电线路日常维护与检测工作的重要性,学会红外线测温仪、接地电阻测试仪、经纬仪等仪器设备的使用方法,能对检测数据进行分析,判断线路运行状态是否良好,对不达标测试项目提出整改意见。

【项目目标】

(1)能进行接地电阻测量。
(2)能进行连接点的红外测温。
(3)能进行交叉跨越距离测量,判断距离是否符合要求。

【教学环境】

线路实训场、多媒体教室、教学视频。

任务 3.1 接地电阻的测量

【教学目标】

1.知识目标
(1)熟悉线路接地电阻的测量原理。

(2)掌握 ZC-8 型接地电阻测试仪的使用方法。

(3)熟悉 10 kV 配电线路对接地电阻值的要求。

2. 能力目标

(1)能根据现场需要,编制 10 kV 架空配电线路接地电阻测量作业指导书(作业卡)。

(2)根据线路接地电阻测量工作任务准备工器具等。

(3)会使用接地电阻测试仪器进行接地电阻测量,并分析接地是否良好。

3. 素质目标

(1)能主动学习,在完成任务过程中发现问题、分析问题和解决问题。

(2)能与小组成员协商、交流配合完成本次学习任务,养成分工合作的团队意识。

(3)严格遵守安全规范,爱岗敬业、勤奋工作。

【任务描述】

任务名称:10 kV 配电线路接地电阻测量。

任务内容:配电线路运行班接到工作任务通知,对 10 kV××线接地电阻进行测量。

(1)班级学生自由组合,形成几个 6～7 人组成的线路运行班,各线路运行班自行选出班长和副班长。

(2)线路巡视班长召集组员利用课外时间收集有关 10 kV××线运行情况及接地电阻测量的历史数据,编制 10 kV 配电线路接地电阻测量作业指导书,填写任务工单相关内容。

(3)讨论制订实施计划。

(4)各线路运行班组按照实施计划进行接地电阻测量工作。

(5)各线路运行班组针对实施过程中存在的问题进行讨论、修改,填写小组作业卡、工序质量卡和完善任务工单。

【相关知识】

微课 3.1　杆塔接地
装置简介

一、理论咨询

接地装置是架空线路的重要组成部分,通过测量接地电阻检测是否符合相关技术标准,防止在工频接地短路电流和雷电流入地时地电位升高,为线路的安全运行和人身安全提供了重要保障。

（一）接地概述

在电力系统中将杆塔、电气装置的某些导电部分，经接地线连接到接地体，为电力系统安全运行提供保障。根据用途不同将接地分为工作接地、保护接地、防雷接地和防静电接地。接地装置是接地体和接地线的总和。接地线将电气装置、防雷设备的接地端子与接地体连接。接地体直接埋入地下与大地接触，如果是钢筋混凝土的基础、钢管杆塔、角钢塔等直接与大地接触的金属装置就是自然接地体，如果是人为设计安装的接地体就是人工接地体。

（二）配电线路接地情况

在配电线路中，在以下情况可增设人工接地装置：

（1）无地线的杆塔在居民区宜接地。

（2）属于多雷区的杆塔根据情况选择是否接地。

（3）有地线的杆塔应接地。

（4）杆上安装有配电设备，如变压器、负荷开关、避雷器等，则该基杆应接地，且各接地线与设备金属外壳相连，一同接地。

（5）10 kV配电线路，在土壤电阻率100 Ω·m<ρ≤300 Ω·m的地区应接地；在土壤电阻率300 Ω·m<ρ≤2 000 Ω·m的地区，可采用水平敷设的接地装置；在土壤电阻率ρ>2 000 Ω·m的地区，接地电阻很难降到30 Ω以下时，可采用6～8根总长度不超过500 m的放射形接地体或采用伸长接地体。

（三）接地电阻测量原理

当电流经接地体流入土壤中产生电阻，接地装置接地电阻是接地体对地电阻和接地线电阻之和。线路运行时，如果有电流经过接地体流入大地时，接地装置与大地零电位点之间会产生电位差，这时电位差与工频电流的比值实际是接地阻抗值，为工频接地电阻。配电线路接地装置简单，采用直流发电机的接地电阻测试仪进行测量。在接地电

微课3.2　配电变压器接地电阻测试

阻测量中，施加一个直流电压，忽略接地电抗，这时测得的实际是接地电阻的模值，等于施加电压与通过接地体流入地中电流的比值。

摇表发出的直流电在接地体和电流极连线之间形成回路，电位极与接地体之间的电压值除以电流引线上的电流值就是接地电阻。杆塔接地装置一般采用水平接地体，呈射线状敷设，单根水平射线长度L最长应小于60 m。电流引线的长度D应为单根水平射线长度的3～5倍，选择地下无金属管道的方向，确定电流极的位置。电位极的位置须在零电位处，才能保证电压测量的准确，一般应在距接地体0.618D的长度，且应保持在与电流引线的同一放射方向。

（四）接地电阻测量仪器

进行配电线路接地电阻测量，一般选用ZC-8型接地电阻测量仪，也叫ZC-8型接地摇表，如图3-1所示，接地摇表属国家列入安全防护的强制检定计量器具。有三个端钮的（接地桩E、电位桩P1、电流桩C1），有四个端钮的（电位桩P1、P2和电流桩C1、C2），均能进行接

地电阻测量。ZC-8 型接地电阻测量仪由手摇直流发电机、相敏整流放大器、电位器、电流互感器及检流计等构成。常用倍率有 0.1、1、10 的组合,也有 1、10、100 的组合。

（a）三端钮　　　　　　（b）四端钮

图 3-1　ZC-8 型接地电阻测量仪

（五）配电线路接地电阻相关规程说明

（1）DL/T 596—1996《电力设备预防性试验规程》对接地装置的试验周期和要求见表3-1。

表 3-1　接地装置的试验项目、周期和要求

项　目	周　期	要　求	
		种　类	接地电阻/Ω
无架空地线的线路杆塔接地电阻	（1）发电厂或变电所进出线 1~2 km 内的杆塔 1~2 年; （2）其他线路杆塔不超过 5 年。	非有效接地系统的钢筋混凝土杆、金属杆	30
		中性点不接地的低压电力网的线路钢筋混凝土杆、金属杆	50
		低压进户线绝缘子铁脚	30

（2）QGDW1519—2014《配电网运维规程》对设备接地电阻规定见表3-2,对有避雷线的配电线路电杆的接地电阻规定见表3-3。

表 3-2　电杆的接地电阻

配电网设备	接地电阻/Ω
柱上开关	10
避雷器	10
柱上电容器	10
柱上高压计量箱	10
总容量 100 kVA 及以上的变压器	4
总容量 100 kVA 以下的变压器	10

表 3-3　电杆的接地电阻

土壤电阻率/(Ω·m)	接地电阻/Ω
100 级以下	10
100 以上至 500	15
500 以上至 1 000	20
1 000 以上至 2 000	25
2 000 以上	30

对于无架空地线的线路杆塔,非有效接地系统的钢筋混凝土杆、金属杆,其接地电阻不宜大于 30 Ω;中性点不接地的低压电力网线路的混凝土杆、金属杆,其接地电阻不宜大于 50 Ω;低压进户线绝缘子铁脚的接地电阻不宜大于 30 Ω。

在高电阻率的地区,非有效接地系统中,电气设备的接地电阻允许达到 30 Ω,低压中性点不接地系统,由于单相接地短路电流一般小于 1 A,接地电阻在 30 Ω 时仍可满足接触电压在安全值以下。安装在室外公共场所的配电变压器、柱上断路器等高压设备,其接地电阻不能达到规程要求时,应将接地装置予以屏护。

二、实践咨询

微课 3.3　测量架空
线路杆塔接地电阻

(一)接地电阻测量准备

1.危险点分析及控制措施制定

在进行接地电阻测量时要注意的危险点及控制措施见表 3-4。

表 3-4　接地电阻测量的危险点及控制措施

危险点	控制措施
机械伤人	(1)保证工具完好,使用锤子操作电流、电位探针接地时防止锤子砸伤人; (2)正确使用扳手拆、装接地螺栓时,防止扳手、螺栓掉落伤人。
人身触电	(1)应戴绝缘手套解开或恢复接地引线; (2)测量时正确接线后再进行接地电阻表使用; (3)严禁直接接触与地断开的接地线。
动物伤人	注意工作区域及附近狗、蛇等动物窜出伤人,配备防护工具和急救药品。

2.接地电阻测量仪器、工器具准备

准备的仪器、工器具包括:工具包、ZC-8 型接地电阻测试仪,安全帽、绝缘手套、温湿度计、短接线、电流和电位探针及测试线、扳手、锤子等。所有的仪器工具检查外观完好,能正

常使用,合格证标签在合格有效期内。

(二)接地电阻测量操作步骤

1.调零

测量前将接地电阻测试仪放于水平位置,进行机械调零和动态调零,检验表计能否正常工作。机械调零检查检流计的指针是否指于中心线上(即零线),如指向偏移则用工具旋转静态旋钮使指针与中心线重合。动态调零用短接线将4个桩头短接,摇动摇表阻值应该为零。

2.断开接地引下线

作业人员佩戴绝缘手套,使用扳手拆开与线路连接点的接地引下线螺栓。脱掉绝缘手套后,用锉刀清除接地体引出线端头的氧化层,使测试线连接牢固。

3.布线

了解电杆接地装置的型式和线路的走向,一般配电线路接地电阻测量时,电流极放线长度为单根水平接地体长度的3~5倍,电位极距离接地测试点为电流极引线长度的0.6倍左右。按此要求,在同一放射方向上分别打入1根接地探测针,如图3-2所示,接地探测针垂直地面打入土中的深度不小于接地探测针的3/4,且不小于0.6 m,与土壤接触良好。先用锉刀打磨探测针连接处,再将测试线末端与接地探测针相连,接触良好。

注意布线方向应避开运行线路导线方向,并尽量与其垂直,两根测试线保持1 m以上的间距,不得交叉,尽量减少互感影响。

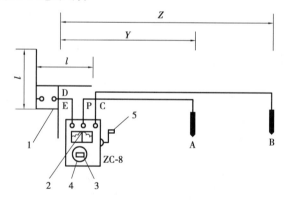

图3-2 测量接地电阻的布线和表计接线

1—接地装置;2—检流计;3—倍率标度;4—测量标度盘;5—摇柄

4.表计接线

完成布线后,将电流测试线与接地电阻测试仪的电流桩C1连接,将电位测试线与接地电阻测试仪的电位桩P1连接,接地电阻测试仪C2、P2接线桩短接,短接后C2或P2与接地线端头连接,如图3-2所示。如果是三端钮的接地电阻测试仪,则C1、P1连接不变,E接线桩与电杆接地线路端头连接。

5.测试

将仪器放于平坦处,将倍率调至最高挡,刻度盘调至最大值,右手匀速慢慢旋转摇柄,左手固定仪表,并根据仪器指针指示转动"测量标度盘"。当指针指到刻度 0 到 1 之间平稳,为保证读数精确,则将倍率调小 1 挡,刻度盘调至最大值,继续转动"测量标度盘"进行摇测,保持转速为 120 r/min,直至指针平稳不摆动。

6. 读数分析

测量的接地电阻值为"测量标度盘"的读数乘以倍率标度的倍数。记录测量数据,根据相关规程要求判断接地电阻是否合格。

7. 恢复螺栓

戴绝缘手套将接地螺栓恢复,接地螺栓连接牢固,清理现场。

（三）接地电阻测量中应注意的事项

(1)接地电阻值的大小与季节、天气、土壤潮湿程度等环境因素有关。接地电阻的测量应该在天气状况良好、干燥的条件下进行,空气湿度不宜大于 80% ,环境温度不宜低于 5 ℃。

(2)要将接地极与接地引下线完全断开进行测量,如果有其他电气设备,也需要全部断开与设备的连线,保证测量的准确性。

(3)测量时测试线连接的部位均应用锉刀打磨去除锈蚀或氧化层后再可靠连接,否则可能出现接触电阻增大,测量结果有误。

(4)电流极和电位极要避开接地体的放射线和放射性延长线方向。

【任务实施】

（一）工作准备

(1)课前预习相关知识部分,熟悉 10 kV 配电线路运行时对接地电阻值的要求,经班组认真讨论后制订 10 kV 配电线路接地电阻测量作业指导书(作业卡)。

(2)填写任务工单的咨询、决策、计划部分。

（二）操作步骤

(1)接受工作任务。

(2)准备测量用的工器具。

(3)各小组站队"三交"。

(4)危险点分析与控制(填写风险辨识卡)。

(5)测量用的工器具检查。

(6)分组对 10 kV××线行接地电阻测量,记录测量数据并对数据进行分析(测量数据记录见表 3-5),提出整改措施。

(7)接地电阻测量工作任务完成,工器具、仪器仪表入库,汇报班长,资料归档。

表 3-5　10 kV 架空配电线路接地电阻测量记录表

线路名称			试验单位			
试验日期		试验天气		温度/℃		相对湿度/%
杆塔号		接地电阻/Ω		设计值/Ω		地　形
仪器型号						
结论						
试验人员				工作负责人		
备注						

任务工单

任务描述:配电线路运行班接到工作任务通知,对 10 kV××线接地电阻进行测量。

1. 咨询(课外完成)

(1)能否不解开接地引下线测量接地电阻?

(2)实际工作中按 $d_{13} = (4 \sim 7)L$ 做得到吗? 如果减少到 $2L$ 时,测量结果如何处理?

2. 决策(课外完成)

(1)岗位划分:

班　组	岗　位	
	工作负责人	试验人员

(2)编制 10 kV××线架空配电线路接地电阻测量作业指导书(作业卡)。

①所需工器具及材料准备。

②危险点分析与控制措施。

③测量内容及标准。

④测量数据记录表。

3.现场操作

由学生现场操作。

4.检查及评价

考评项目		自我评估	组长评估	教师评估	备　注
素质考评20%	劳动纪律5%				
	积极主动5%				
	协作精神5%				
	贡献大小5%				
工单考评20%					
操作考评60%					
综合评价100分					

任务3.2　交叉跨越距离测量

【教学目标】

1.知识目标

(1)掌握经纬仪的基本结构及使用方法。

(2)熟悉架空配电线路与其他设施的限距要求。

2.能力要求

(1)能根据现场需要,编制10 kV架空配电线路交叉跨越距离测量作业指导书(作业卡)。

（2）根据线路交叉跨越距离测量任务准备测量仪器和工具等。

（3）会使用经纬仪、测高仪或绝缘杆（绳）测量导线的限距。

3. 素质目标

（1）能主动学习，在完成任务过程中发现问题、分析问题和解决问题。

（2）能与小组成员协商、交流配合完成本次学习任务，养成分工合作的团队意识。

（3）严格遵守安全规范，爱岗敬业、勤奋工作。

【任务描述】

任务名称：10 kV 配电线路接地电阻测量。

任务内容：配电线路运行班接到工作任务通知，对 10 kV××线交叉跨越距离进行测量。

（1）班级学生自由组合，形成几个由 6~7 人组成的线路运行班，各线路运行班自行选出班长和副班长。

（2）线路巡视班长召集组员利用课外时间收集有关 10 kV××线运行情况及接地电阻测量的历史数据，编制 10 kV 配电线路交叉跨越距离测量作业指导书，填写任务工单相关内容。

（3）讨论制订实施计划。

（4）各线路运行班组按照实施计划进行交叉跨越距离测量工作。

（5）各线路运行班组针对实施过程中存在的问题进行讨论、修改，填写小组作业卡、工序质量卡和完善任务工单。

【相关知识】

一、理论咨询

（一）架空线路交叉跨越距离测量的意义

交叉跨越是指架空电力线路的路径通道内有铁路、公路、电力线路、通信线等障碍物，导地线从障碍物上方跨越或从障碍物下方穿过。交叉跨越限距是指架空线路导线之间及导线对邻近设施（如对地或对交跨物等）的最小距离。通过测量导线与被跨越交叉点的位置和被跨越物的距离，作为确定该档档距和弧垂设计的依据。架空线路完成施工后，需要对各种限距进行验收保证距离满足设计要求。在线路运行中，可能出现线路周围树木的高度与导线安全距离不够，线路负荷增大或天气影响使弧垂增大，施工、撞击等外力破坏使导线距离发生变化,公路、桥梁等设施的变化使导线与邻近设施的安全距离不够等情况。导线的限距发生变化,如果不能满足设计的最小距离,就会对线路的安全运行造成危害。因此,在运维工作中,要定期进行通道内和两侧建筑物、交叉穿越的弱电线路及树竹木等与运行线路在各种条件下的限距观察或测量,保证符合设计要求。

(二)交叉跨越距离测量的内容

(1)当线路跨越河流时,应施测断面,还要测量河岸、滩地和航道的位置,以确定跨河杆塔定位范围。

(2)当线路跨越铁路、公路时,应施测线路中心线与铁路、公路中心线的交叉角,以及轨顶标高或路面标高,并注明铁路或公路交叉点的里程。

(3)当线路与电力线或弱电线交叉时,应施测被跨越物的标高外,还要将一、二级通信线测交叉角和附近通信线杆的位置绘在图上。

(三)交叉跨越距离测量方法

交叉跨越距离测量可以采用目测,也可以采用测量工具或仪器测量。

(1)运行人员可以直接观测,采用目测的方法经验判断导线之间、导线与跨越物的距离是否符合要求。

(2)如果运行人员对目测观察的距离有疑问,可以用工具或仪器测量。

①运行人员可以使用带刻度的绝缘测量绳抛挂在导线上,直接读取导线与导线、导线与跨越物之间测量绳的标记,得到交叉跨越距离。

②运行人员可以使用带刻度的绝缘测量杆放置被测线路下方,直接读取导线与跨越物的距离。

③运行人员可以使用经纬仪、全站仪、测高仪等专用测量仪器进行交叉跨越距离的测量,得到准确的数值,从而判断交叉跨越距离是否符合要求。

(四)交叉跨越距离标准

QGDW 1519—2014《配电网运维规程》对线路间及与其他物体间距离给出了要求。架空配电线路与其他设施的安全距离限制如附录表 C.3 所示,与铁路、道路、通航河流、管道、索道及各种架空线路交叉或接近的距离如附录表 C.1 所示。

二、实践咨询

微课 3.4　经纬仪测
量铅垂线上高差

(一)线路交叉跨越距离测量准备工作

1.危险点分析及控制措施制定

在进行线路交叉跨越距离测量时要注意的危险点及控制措施见表
3-6。

表3-6　线路交叉跨越距离测量的危险点及控制措施

危险点	控制措施
人身触电	(1)测量带电线路导线的垂直距离(导线弧垂、交叉跨越距离)时,严禁使用皮尺、线尺(夹有金属丝者)等测量带电线路导线的垂直距离。 (2)在测量带电线路与导线、导线对各类交叉跨越物的安全距离时,确保测量塔尺、测量人员与带电线路保持足够的安全距离。
交通伤害	(1)在公路、铁路边进行测量,要注意人身安全,防止撞伤,应设安全围栏、挂标示牌。 (2)防范山体滑坡、树木扎伤,配备通信工具,作业应两人以上进行。
动物伤人	注意工作区域及附近狗、蛇等动物窜出伤人,配备防护工具和急救药品。
高空落物	采用绝缘测量绳测量时,防止重锤掉落或抛掷测量绳时损伤线路。

2. 仪器、工器具准备

准备的仪器、工器具包括:J6 经纬仪、塔尺、大锤、卷尺、温湿度计、计算器等。所有的仪器工具检查外观完好,能正常使用,合格证标签在合格有效期内。

(二)仪器测量线路交叉跨越距离操作

1. 温度测量

测量环境温度并记录。

2. 架设仪器

测量导线交叉跨越距离时,将经纬仪架设在交叉角近似等分线的适当位置上。调整好仪器对中整平,确定交叉点在地面的垂直投影点,并在被测线路与交叉点垂直下方立好塔尺,注意塔尺的高度要保持与带电导线足够的安全距离。

动画3.5　配电线路交叉跨域距离的校验

3. 测量

经纬仪望远镜镜筒瞄准塔尺,中丝切准导线,读取上丝、下丝和中丝数值。锁死水平制动旋钮,镜筒瞄准塔尺沿垂直方向上下移动望远镜筒,中丝切于导线交叉点的上层导线,测得垂直角 θ_1,移动望远镜筒,中丝切于导线交叉点的下层导线,测得垂直角 θ_2,如图3-3所示。如果是其他跨越物,则中丝切于跨越物的顶点,测得垂直角 θ_2。

4. 计算交叉跨越距离

用式(3-1)先算得经纬仪至交叉点的水平距离,再用式(3-2)算得交叉点的垂直距离,即交叉跨越距离。

经纬仪至交叉点的水平距离:

$$s = 100 L \tag{3-1}$$

交叉点间的垂直距离:

$$H_L = s(\tan \theta_2 - \tan \theta_1) \tag{3-2}$$

式中　s——经纬仪与被测点的水平距离,m;

　　　100——视距常数;

L——视距丝在塔尺上所切刻度数,|上丝 - 下丝|,m;

H_L——交叉跨越下导线对地面高度,m;

θ_1 和 θ_2——导线交叉点上线、下线的垂直角。

检查交叉跨越距离,为保证导线在任何情况下对交叉跨越物的安全,应将观测计算出的交叉跨域距离 H_L 换算到导线出现最大弧垂时的交叉跨越距离 H_0,其换算公式为:

$$H_0 = H_L - \Delta f_x \tag{3-3}$$

$$\Delta f_x = 4\left(\frac{x}{l} - \frac{x^2}{l^2}\right)\left[\sqrt{f^2 + \frac{3l^4}{8l_0^2}(t_m - t)\alpha} - f\right] \tag{3-4}$$

式中 Δf_x——测量时导线弧垂 f_x 换算为最高温度时导线弧垂的增量,即由测量时的温度 t 升高到最高温度 t_m 时导线弧垂的增量,m;

f——测量时导线档距中央的弧垂,m;

f_x——测量时导线在交叉点的弧垂,m;

l——交叉点所在电力线路的档距,m;

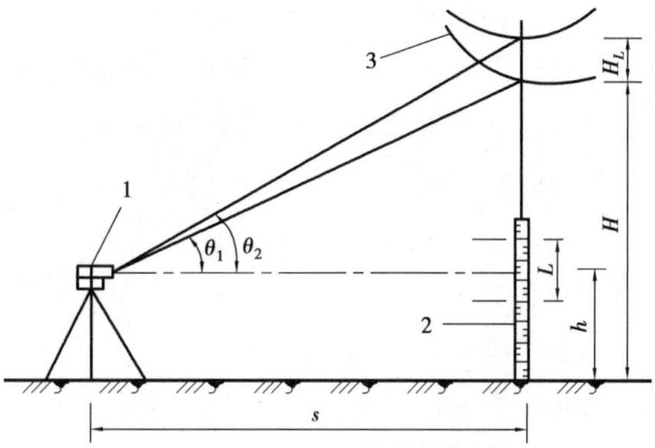

l_0——代表档距,m;

t_m——最高温度,℃;

t——测量时的温度,℃;

α——导线热膨胀系数,1/℃;

x——交叉点到最近杆塔的距离,m。

图 3-3　用经纬仪测量交叉跨越距离示意图

1—仪器;2—塔尺;3—交跨导线

(三)线路交叉跨越距离测量注意事项

(1)架空线路的导线弧垂随温度的变化而变化,测量线路限距不一定在最高气温下进行,故所测得的数据一般不是最小限距。因此在测量上述数据时,应及时记录测量时的气温,以便对其进行必要的换算。线路与铁路、高速公路、一级公路交叉时,最大弧垂应按导线温度为 +70 ℃计算。

(2)当新建线路完工后,在试运行前,需对跨越电力线路、重要通信线及铁路、公路等重要交叉跨越处的实际垂直高度,按交叉跨越的施测方法进行实测,并将实测数据换算成导线最大弧垂状态时与被跨越物的最小垂直距离,并校核是否能满足规程规定的要求。

(3)为避免测量读数误差,应测量两次取其平均值,使用经纬仪测量时应用正镜和倒镜各测量一次。

(4)仪器架设平稳,防止三脚架倾倒,仪器不应架设在交通道路上。

（5）当线路穿越已有线路时，应测出本线路的导线与已有导线较低侧交叉点的标高。

（6）当三相导线的弧垂出现不平衡时，应检测交叉跨域距离最小相导线的弧垂。

（7）绝缘测量工具保持干燥清洁，禁止在雨雾天气采用绝缘测量工具进行测量。

【任务实施】

（一）工作准备

（1）课前预习相关知识部分，熟悉 10 kV 架空配电线路运行时导线的限距要求，经班组认真讨论后 10 kV××线交叉跨越距离测量作业指导书（作业卡）。

（2）填写任务工单的咨询、决策、计划部分。

（二）操作步骤

（1）接受工作任务，填写派工单。

（2）准备测量用的工器具。

（3）各小组站队"三交"。

（4）危险点分析与控制（填写风险辨识卡）。

（5）测量用的仪器检查。

（6）分组对××线交叉跨越距离进行测量，记录测量数据并对数据进行分析，提出整改措施（交叉跨越距离测量记录见表 3-7、表 3-8）。

（7）线路交叉跨越距离测量工作任务完成，工器具、仪器仪表入库，汇报班长，资料归档。

表 3-7　10 kV 架空配电线路交叉跨越距离测量观测记录表

测量工器具								
测站	交叉跨越点	目标	竖盘位置	竖盘读数	竖直角	塔尺读数采集		
						上丝	中丝	下丝
O		A	盘左					
			盘右					
		B	盘左					
			盘右					
P		C	盘左					
			盘右					
		D	盘左					
			盘右					
交叉跨越距离计算								
备注								

续表

测站	交叉跨越点	目标	竖盘位置	竖盘读数	竖直角	塔尺读数采集		
						上丝	中丝	下丝
O		A	盘左					
			盘右					
		B	盘左					
			盘右					
P		C	盘左					
			盘右					
		D	盘左					
			盘右					
交叉跨越距离计算								
备注								

表 3-8　10 kV 架空配电线路交叉跨越距离检测记录表

检测线路名称：__kV __线　　　　　　　　　　　　　　检测日期__年__月__日

跨越杆号	跨越塔号	跨越档档距/m	被跨越物名称	距最近杆塔塔号及距离/m	交叉角	交叉点净距/m	测量时温度/℃	换算至最高温度时的温度及净距/(℃·m⁻¹)	允许净距/m	测量人	判断

任务工单

任务描述:配电线路运行班接到工作任务通知,对 10 kV××线交叉跨越距离进行观察测量。

1.咨询(课外完成)

(1)观察导线交叉跨越距离应注意哪些事项?

(2)如何测量交叉跨越距离?

(3)如图 3-4 所示,A 点为新建线路中心线一测站点,将经纬仪架设在 A 点,被跨越物是另一 10 kV 配电线路,完成测量线路中心点与被跨越 10 kV 线路交叉点的 10 kV 线路标高。测量时,如何确定被跨越 10 kV 线路的最高点?如何确定交叉点的垂直投影点?

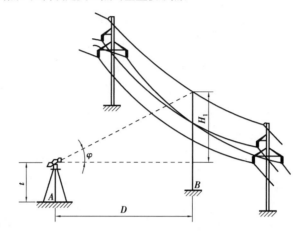

图 3-4 用经纬仪测量架空导线的弧垂

2. 决策(课外完成)

(1)岗位划分:

班 组	岗 位	
	工作负责人	测量人员

(2)编制 10 kV××线交叉跨越距离测量作业指导书(作业卡)。

①所需工器具及材料准备。

②危险点分析与控制措施。

③测量内容及标准。

④测量数据记录表。

3. 现场操作

由学生现场操作。

4. 检查及评价

考评项目		自我评估	组长评估	教师评估	备 注
素质考评 20%	劳动纪律 5%				
	积极主动 5%				
	协作精神 5%				
	贡献大小 5%				
工单考评 20%					
操作考评 60%					
综合评价 100 分					

任务 3.3　红外测温

【教学目标】

1. 知识目标

(1)了解红外测温的原则。

(2)熟悉红外检测操作要求。

2. 能力目标

(1)能根据现场需要,编制 10 kV××线#002 杆跌落式熔断器上桩头连接点红外测温作业指导书(作业卡)。

(2)根据线路红外测温工作任务准备工器具等。

(3)会使用红外热像仪测量导线连接器的运行温度。

3. 素质目标

(1)能主动学习,在完成任务过程中发现问题、分析问题和解决问题。

(2)能与小组成员协商、交流配合完成本次学习任务,养成分工合作的团队意识。

(3)严格遵守安全规范,爱岗敬业、勤奋工作。

【任务描述】

任务名称:10 kV 配电线路红外测温。

任务内容:配电线路运行班接到工作任务通知,对某电力公司 10 kV ××线#002 杆跌落式熔断器上桩头连接点红外测温。

(1)班级学生自由组合,形成几个由 6~7 人组成的线路运行班,各线路运行班自行选出班长和副班长。

(2)线路巡视班长召集组员利用课外时间复习相关知识,编制 10 kV ××线#002 杆跌落式熔断器上桩头连接点红外测温作业指导书,填写任务工单相关内容。

(3)讨论制订实施计划。

(4)各线路运行班组按照实施计划进行红外测温工作。

(5)各线路运行班组针对实施过程中存在的问题进行讨论、修改,填写小组作业卡、工序质量卡和完善任务工单。

【相关知识】

微课 3.6　红外检测

一、理论咨询

(一)红外测温的意义

架空线路上导线与导线、导线与电气设备的连接点是导线的薄弱环节,导线连接如果接触不紧密,连接管压接或线夹金具螺栓连接未到位,连接点接触电阻过大,在正常运行尤其是负荷高时,连接点就容易发热,造成绝缘部件和导体上有放电现象发生,损伤绝缘和导体,导线发生断股等缺陷,也会使温度升高,严重时会发生绝缘击穿和导体断线;绝缘子表面发生闪络放电,绝缘子绝缘性能下降,绝缘子容易损坏。红外测温作为诊断线路发热缺陷的诊断项目,能在不停电、远距离、不接触的情况下及时发现线路连接点的温度异常、绝缘子表面闪络放电,通过开展红外测温进行监测,可以及时消除缺陷,减低线路故障的可能性,是配电线路重要的检测项目。

(二)红外测温原理

红外线是一种电磁波,其波长为 0.76~100 μm。因为温度在 −273 ℃ 以上的物体都在不停向周围辐射红外能量,红外能量的辐射量与物体的表面温度的大小成正比,因此红外测温的仪器通过对连接点自身辐射红外能量检测,线路温度高则红外辐射能量大,线路表面温度低则红外辐射能量小。如果已知带电导线和连接设备的正常温度值及温度分布情况,就能通过红外测温发现是否存在表面温度异常和放电的现象,从而及时消缺。

(三)红外测温设备

利用红外测温原理制作的各种红外测温设备,常用的有手持式(便携式)红外测温仪和红外热像仪,如图 3-5、图 3-6 所示。手持式红外测温仪体积小、操作方便,能快速显示检测物体部位的表面温度值,因此可以快速了解连接点是否有异常,而红外热像仪可以清楚地显示检测区域各位置的温度分布情况,更直观地发现温度异常点,从而确定缺陷。

红外测温设备测量物体在其波段范围内的红外线辐射能量,进行信号处理转换为温度值显示。不同的测温仪有不同的测温范围,一般来说,测温范围越窄,温度信号分辨率越高,精度要越高。要考虑使用仪器所处的环境条件对测温结果有较大影响,尽量减小相关因素的影响,保证测温精度。

图 3-5　手持式红外测温仪　　　　图 3-6　红外热像仪

(四)红外测温的相关概念

(1)温差 K。温差是不同被测设备表面或同一被测设备不同部位表面温度之差。

(2)相对温差 δ。两个对应测点之间的温升之差与其中较高温度点的温升之比的百分数。

(3)电流致热型设备。由于电流效应引起发热的设备,如设备连接、裸导线、导线连接器等就是电流使温度升高发热。

(4)电压致热型设备。由于电压效应引起发热的设备,如绝缘子就是电压升高使表面放电发热。

(五)红外测温周期要求

(1)配电线路根据需要,对重要供电用户、重负荷线路和认为必要时,一般每年检测一次。其他线路检测周期不宜超过 3 年。

(2)新投产和大修改造后的线路,在投运带负荷后 24 h 后,1 个月内进行一次检测。

微课 3.7　劣化瓷绝
缘子检测

(3)线路的瓷绝缘子根据需要进行周期检测。

(六)缺陷判断方法

1. 表面温度判断法

该法可用于电流致热型设备判断。根据测得的设备表面温度值,考虑天气条件,结合运行、历史和设计的负荷情况判断是否存在缺陷。

2. 相对温度判断法

该法可用于电流致热型设备判断,适合检测负荷较小的情况,减小缺陷的漏判。

3. 同类比较判断法

该法通过线路三相之间对应部位的温差进行比较分析,将正常运行和异常运行的情况进行比较,可以更准确地判断导线、导线连接器等检测部位是否存在缺陷。通常同类型、同位置的历史检测结果也是同类比较判断的依据。

4.图像特征判断法

该法可用于电压致热型设备判断。根据同类设备的正常状态和异常状态的热图像判断设备是否正常。注意电气试验结果合格,并排除各种干扰对图像的影响的综合分析才能准确判断。

5.综合分析判断法

该法可用于综合致热型设备判断,包括对两种因素以上引起的缺陷和磁场、漏磁引起的过热进行相应判断。

6.实时分析判断法

该法对设备进行一段时间内的连续检测,重点观察温度随负荷、时间的变化情况,可进行实时跟踪判断。

(七)红外测温标准

1.Q/GDW745—2012《配电网设备缺陷分类标准》对红外测温结果的要求

(1)一般缺陷:电气连接处75 ℃<实测温度≤80 ℃或10 K<相间温差≤30 K。

(2)严重缺陷:电气连接处80 ℃<实测温度≤90 ℃或30 K<相间温差≤40 K。

(3)危急缺陷:电气连接处实测温度>90 ℃或相间温差>40 K。

2.DL/T664—2016《带电设备红外诊断应用规范》对红外测温结果分析的判据(表3-9、表3-10)

表3-9　电流致热型设备缺陷诊断判据

设备类别和部位		热像特征	故障特征	缺陷性质		
				紧急缺陷	严重缺陷	一般缺陷
电器设备与金属部件的连接	接头和线夹	以线夹和接头尾中心的热像,热点明显	接触不良	热点温度>110 ℃或δ≥95%且热点温度>80 ℃	80 ℃≤热点温度≤110 ℃或δ≥80%但热点温度未达紧急缺陷温度值	δ≥35%但热点温度未达严重缺陷温度值
金属部件与金属部件的连接	接头和线夹	以线夹和接头尾中心的热像,热点明显	接触不良	热点温度>130 ℃或δ≥95%且热点温度>90 ℃	90 ℃≤热点温度≤130 ℃或δ≥80%但热点温度未达紧急缺陷温度值	δ≥35%但热点温度未达严重缺陷温度值
金属导线		以导线为中心的热像,热点明显	松股、断股、老化或截面积不够	热点温度>110 ℃或δ≥95%且热点温度>80 ℃	80 ℃≤热点温度≤110 ℃或δ≥80%但热点温度未达紧急缺陷温度值	δ≥35%但热点温度未达严重缺陷温度值

续表

设备类别和部位	热像特征	故障特征	缺陷性质		
			紧急缺陷	严重缺陷	一般缺陷
导线连接器(耐张线夹、接续管、修补管、并沟线夹、跳线线夹、T 形线夹、设备线夹)	以线夹和接头为中心的热像,热点明显	接触不良	热点温度 >130 ℃ 或 δ ≥95% 且热点温度 >90 ℃	90 ℃ ≤热点温度≤130 ℃ 或 δ ≥80% 但热点温度未达紧急缺陷温度值	δ≥35% 但热点温度未达严重缺陷温度值

表 3-10　电压致热型设备缺陷诊断判据

设备类型		热像特征	故障特征	温差 K
绝缘子	瓷绝缘子	相邻绝缘子温差很小,以铁帽为发热中心的热像图,比正常绝缘子温度高	低值绝缘子发热(绝缘电阻为 10 MΩ ~ 300 MΩ)	1

二、实践咨询

(一)红外测温准备工作

1. 危险点及控制措施制订

在进行红外测温时要注意的危险点及控制措施见表 3-11。

表 3-11　红外测温的危险点及控制措施

危险点	控制措施
人身触电	检测时离被检设备及周围带电设备应保持足够的安全距离。10 kV 及以下为 0.7 m。
交通伤害	(1)在交通路口、认可密集地段工作时,应设安全围栏、挂标示牌。 (2)要防范山体滑坡,树木扎伤,配备通信工具,作业应两人以上进行。 (3)夜间测温带好照明工具,防止摔伤。
动物伤人	注意工作区域及附近狗、蛇等动物窜出伤人,配备防护工具和急救药品。

2. 红外测温仪器、工器具准备

准备的仪器、工器具包括:手持式红外测温仪/红外热像仪,安全帽、绝缘鞋、工具包、手电筒、温湿度计等。所有的仪器工具检查外观完好,能正常使用,合格证标签在合格有效期内。

（二）红外测温仪操作

红外测温工作可以选择手持式红外测温仪进行温度的检测,可以选择红外热像仪进行温度和温度分布的检测,通过测温发现缺陷。

1. 手持式红外测温仪操作

开机校准:红外测温仪开机后,先进行内部温度的自动校准,打开开关,将探测器对准检测线路,按下测量按键,即可读取检测目标的温度值。

2. 红外热像仪操作

（1）开机设置参数。

红外热像仪在开机后,先进行内部温度校准,在热图像稳定后进行功能设置,设定可测温度范围,一般为检测区域环境温度的 −10 K 至 +20 K 的量程范围。根据实际检测需要输入检测线路的辐射率、环境温度、相对湿度、测量距离等补偿参数并进行修正,导线、导线连接器的辐射率取 0.9。应充分利用红外设备的图像评价、自动跟踪等功能达到最佳检测效果。

（2）检测瞄准检查。

满足安全距离要求条件下,尽可能靠近被测区域进行检测。先进行一般检测,对所有检测部位进行全面扫描,发现温度分布异常再进行异常部位和重点检测区域的精确检测。

检测时将仪器镜头对准检测目标,通过调节镜头的焦距,使检测目标图像最大化完整呈现仪器的镜头中,图像清晰。进行图像观测,当发现温度分布异常时进行红外检测图像拍摄记录,要调整温度范围,放大异常区域,使异常部位突出显示。

选取不同检测位置多角度拍摄异常目标,找到温度值最高的点,即最热点。

（3）检测结束,记录被测线路的实际负荷电流、额定电流、环境温度、检测温度、红外热像图像等参数,填写检测报告。

（4）场地整理。

（5）红外测温结果分析。通过红外测温发现设备温度异常,应变换位置和角度或其他检测方法重新检测,确定存在温度异常后进行故障特征分析和缺陷性质判断,将分析结果向班长和相关人员汇报,按照缺陷闭环管理流程和要求进行缺陷处理。

（三）红外测温注意事项

（1）检测线路发热点、正常相的对应点及环境温度参照体的温度值时,应使用同一仪器连续测量。

（2）红外测温的环境温度一般不宜低于 5 ℃,空气湿度一般不大于 85%。

（3）红外测温不应在有雷、雨、雾、雪环境下进行检测,风速一般不超过 0.5 m/s。

（4）红外测温时检测距离应满足与被带电设备和周围其他带电设备的安全距离要求。

（5）户外线路检测选择日出之前、日落之后或阴天进行;检测电流致热的设备最好在设备负荷高峰状态下进行,一般不低于额定负荷的 30%。

（6）无论是否开机使用,均应避免将仪器镜头直接对准强烈辐射源(如太阳),检测时被测设备背后不得有附加光源进入检测仪镜头内,以免仪器不能正常工作并损坏。

（7）不同的检测对象要选取对应的不同环境温度作参照体。

（8）当环境温度发生较大变化时,应对仪器重新进行内部温度校准(有自校除外)。

（9）作同类比较时,要注意保持仪器与各对应测点的距离一致,方位一致。

（10）红外测温仪应放置在阴凉干燥,通风无强烈电磁场的环境中;应避免油渍及各种化学物质玷污镜头表面及损伤表面,避免镜头直接照射强辐射源损坏探测器。

（11）仪器长时期存放时,应间隔一段时间开机运行,以保持仪器性能稳定;仪器要定期校验,一般一年一次。

【任务实施】

（一）工作准备

（1）课前预习相关知识部分,经班组认真讨论后编制 10 kV××线#002 杆跌落式熔断器上桩头连接点红外测温作业指导书(作业卡)。

（2）填写任务工单的咨询、决策、计划部分。

（二）操作步骤

（1）接受工作任务,填写派工单。

（2）准备测量用的工器具。

（3）各小组站队"三交"。

（4）危险点分析与控制(填写风险辨识卡)。

（5）测量用的工器具检查。

（6）分组对 10 kV××线#002 杆跌落式熔断器上桩头连接点红外测温,记录测量数据对数据进行分析(红外测温试验报告见表3-12),提出整改措施。

（7）红外测温工作任务完成,工器具、仪器仪表入库,汇报班长,资料归档。

表 3-12　架空线路红外测温试验报告

线　　路			仪器编号		
测试仪器		图像编号		检测日期	
环境温度/℃		相对湿度/%		环境参照温度	
天气情况		检测距离/m		辐射系数	
风速/(m·s⁻¹)		负荷情况/%			
红外检测结果	检测位置				
	实测温度		相间温差		温升值
红外测温图					

续表

红外检测结果	检测位置				
	实测温度		相间温差		温升值
参照标准					
诊断分析和缺陷性质					
处理建议					
检测人员		审核		日期	

任务工单

任务描述:配电线路运行班接到工作任务通知,对某电力公司 10 kV××线#002 杆跌落式熔断器上桩头连接点红外测温。

1. 咨询(课外完成)

红外测温作业中发现连接点发热异常情况,其处理原则是什么?

2. 决策(课外完成)

(1)岗位划分

班 组	岗 位	
	工作负责人	试验人员

（2）编制 10 kV××线＃002 杆红外测温作业指导书（作业卡）。

①所需工器具及材料准备。

②危险点分析与控制措施。

③测量内容及标准。

④测量数据记录表。

3. 现场操作

由学生现场操作。

4. 检查及评价

考评项目		自我评估	组长评估	教师评估	备　注
素质考评 20%	劳动纪律 5%				
	积极主动 5%				
	协作精神 5%				
	贡献大小 5%				
工单考评 20%					
操作考评 60%					
综合评价 100 分					

项目 4　配电线路停电检修

【项目描述】

学生熟悉配电线路的检修规范,掌握配电线路运行中常见的线路停电检修工作,学会更换绝缘子、更换横担、更换跌落式熔断器、更换避雷器、修补导线等操作;能对故障情况进行分析,掌握标准的检修流程,能对检修结果进行验收,对不达标测试项目提出整改意见。

【项目目标】

(1)能更换绝缘子。
(2)能更换横担。
(3)能更换跌落式熔断器。
(4)能更换避雷器。
(5)能修补导线。

【教学环境】

线路实训场、多媒体教室、多媒体课件、教学视频。

任务 4.1   更换绝缘子

【教学目标】

1. 知识目标

(1)掌握配电线路更换绝缘子的组织措施、安全措施及技术措施具体内容。

(2)熟悉国网公司配电线路停电更换绝缘子的标准化作业流程及方法要求。

(3)熟悉配电线路更换绝缘子的工艺要求及验收标准。

2. 能力目标

(1)能根据现场实际情况,编制 10 kV 架空线路更换绝缘子作业指导书。

(2)根据线路更换绝缘子任务准备工器具。

(3)能够以小组为单位完成 10 kV 配电线路绝缘子更换任务。

3. 素质目标

(1)自主学习,主动发现任务实施过程中的难题,并尝试解决难题。

(2)拥有团队精神,在小组共同完成任务的过程中主动交流、配合。

(3)始终牢记安全红线,爱岗敬业,勤奋工作。

【任务描述】

任务名称:10 kV 配电线路更换绝缘子。

任务内容:××线路实训场地有一条架设多年的 10 kV 架空配电线路,由于架设在室外,受自然环境影响,这条 10 kV 配电线路 3 号杆 A 相针式绝缘子出现裂纹,破损现象严重,需进行更换。按照国网公司标准化作业要求对 ××10 kV 架空配电线路 3 号杆 A 相针式绝缘子进行更换,学生接到任务后 24 h 内完成绝缘子更换任务。

(1)班级成员自由组合,组成几个 6~7 人的线路运检班,各班自行选出班长和副班长。

(2)线路运检班长召集组员利用课外时间熟悉 ××10 kV 配电线路更换绝缘子标准化流程,编制 10 kV 配电线路绝缘子更换作业指导书,填写任务工单相关内容。

(3)讨论制订实施计划,填写线路第一类工作票。

(4)各线路运检班组按实施计划进行绝缘子更换工作。

(5)各班组针对任务实施过程中存在的问题进行讨论、修改,填写小组作业卡、工序质量卡和完善任务工单。

微课 4.1　10 kV 线
路挂接地线

【相关知识】

一、理论咨询

（一）架空配电线路中常见的绝缘子类型

架空配电线路中常用的绝缘子类型主要有针式绝缘子、悬式绝缘子、蝶式绝缘子等。

1. 针式绝缘子

针式绝缘子主要用于直线杆和角度较小的转角杆上，支持导线，分为高压、低压两种。针式绝缘子外观如图 4-1 所示。

2. 悬式绝缘子

悬式绝缘子通常用于架空配电线路中耐张杆处，一般低压线路采用一片旋式绝缘子，10 kV 配电线路采用两片悬式组成绝缘子串悬挂导线。悬式绝缘子按其帽与脚的连接方法，可分为槽型和球型两种。因球型的连接较槽型方便，现大多采用球型连接的悬式绝缘子。球形连接悬式绝缘子外观如图 4-2 所示。

图 4-1　针式绝缘子

图 4-2　采用球形连接的悬式绝缘子

3. 柱式绝缘子

高压线路柱式瓷绝缘子是用永久胶装在金属底座上，有时还有一个或多个绝缘件组成刚性绝缘子，并可用装在金属底座上的双头螺栓或几个螺栓刚性安装在支持结构上。这种绝缘子均具有实心绝缘体，因此运行中不必担忧沿绝缘体内部发生击穿，这是它的一大优点。柱式绝缘子外观如图 4-3 所示。

4. 蝶式绝缘子

蝶式绝缘子也叫茶台，由一个空心瓷件构成，采用两块拉板和一根穿心螺栓组合起来，通常用在配电线路的转角、分段、分歧、终端以及需要承受拉力的电杆上。它分为高压、低压两种，高压用在 10 kV 线路，低压用在 400 V 线路及以下。蝶式绝缘子外观如图 4-4 所示。

图 4-3　柱式绝缘子　　　　　　图 4-4　蝶式绝缘子

(二)造成绝缘子损坏的原因

造成绝缘子的原因是多方面的,主要包括电气原因,绝缘子各部件膨胀的差异性,绝缘子内部存在应力等。

1.电气作用

绝缘子在运行中要承受长期运行电压的作用及短时过电压的作用,在这一过程中,绝缘子的绝缘性能逐渐下降。同时,绝缘子还有可能会遭受雷击,更进一步加剧了绝缘子的劣化甚至直接损坏。

2.膨胀差异性

绝缘子由多种不同材料(如陶瓷、水泥、铸铁)紧密粘在一起组成,这些材料的膨胀系数与导热系数都各不相同,因此绝缘子受到冷热变化时,由于各部件热膨胀不同,很容易在内部产生过大的应力而损坏。

3.瓷质的吸湿性

由于原料比例不符合要求,工艺流程未能严格控制等原因,影响瓷质的致密性,使得绝缘子吸湿性增大,机械强度降低,易出现裂纹。

(三)绝缘子外观检查

绝缘子安装前应进行外观检查且应满足下列要求:

(1)瓷件与铁件应结合紧密,铁件镀锌良好。

(2)瓷釉光滑,无裂纹、缺釉、斑点、烧痕、气泡或瓷釉烧坏等缺陷。

(3)严禁使用硫黄浇灌的绝缘子。

瓷件在安装时应清除表面灰垢、附着物及不应有的涂料。

二、实践咨询

(一)更换 10 kV 线路绝缘子的准备工作

1.作业条件要求

根据《国家电网公司电力安全工作规程》规定,在 5 级及以上的大风以及暴雨、雷电、冰雹、大雾、沙尘暴等恶劣天气下,应停止露天高处作业。

2.危险点分析及控制措施制订见表4-1。

表4-1　更换10 kV线路绝缘子的危险点分析及控制措施

危险点	控制措施
高空坠落	(1)上杆塔作业前,应先检查安全带、脚钉、爬梯、防坠装置等是否完整牢靠,严禁利用绳索下滑; (2)杆塔上有人时,不准调整或拆除拉线。
触电或感应触电	(1)在带电导线附近所用工器具、材料应用绝缘无极绳索传递; (2)登塔作业人员、绳索、工器具及材料与带电体保持相应的安全距离; (3)设专人监护,监护人不得从事其他工作; (4)严格执行停电、验电、装设接地线、使用个人保安线制度。
物体打击	(1)现场工作人员必须正确佩戴安全帽; (2)高空作业使用工具袋,较大的工器具应固定在牢固的构件上,不准随便乱放。上下传递物件应用绳索拴牢传递,严禁上下抛掷; (3)在高处作业现场,工作人员不得站在作业处的垂直下方,高空落物区不得有无关人员通行或逗留。在行人道口或人口密集区从事高处作业,工作点下方应设围栏或其他保护措施。

3.仪器、工器具准备

准备的仪器、工器具包括:符合使用要求的验电器、脚扣、安全带、人身后备保护绳、传递绳、活动扳手、绝缘子、绑扎铝线、导线保护绳、工具包等。

微课4.2　更换10 kV
线路柱式绝缘子

(二)更换10 kV线路针式绝缘子操作步骤

1.停电、验电、挂接地线

(1)停电。到达工作现场后,工作负责人核对线路名称、杆号、变压器台区名称,确认无误后,通知现场工作许可人停电并布置现场安全措施。

(2)验电、挂接地线。停电后,作业人员携带验电器登杆,在安全距离以外先进行验电,确认无电压后再逐相挂接地线,任务完成后报告工作人,请求下杆。

2.更换针式绝缘子

(1)登杆前检查(三确认):

①作业人员核对线路名称及杆号、台区名称,确认无误后方可登杆。

②作业人员观测估算电杆埋深及裂纹情况,确认稳固后方可登杆。

③作业人员检查(冲击试验)登高工具是否安全可靠,确认无误后方可登杆。

(2)上杆人员携带所需工具上杆,先后将后备保险及传递绳系在牢固构件上,选择合适的工作工位。

(3)杆上人员绑好导线保护绳,拆除导线与瓷瓶的连接铝线,将导线从瓷瓶上抬起放至横担上。

(4)杆上人员先用传递绳打好绳扣,后将针式瓷瓶拆除,用传递绳将瓷瓶传递至地面。

地面配合人员绑上新的瓷瓶后,协助配合将瓷瓶传递至杆上作业人员。

（5）杆上人员将瓷瓶安装到横担上,但不要拧紧螺丝。转动瓷瓶,将导线放至瓷瓶导线沟中,用铝线将导线与瓷瓶绑扎牢固,后一手抓住瓷瓶,一手用活动扳手拧紧瓷瓶下方螺丝。

（6）杆上人员拆除导线保护绳,检查电气部分有无异物,工艺自检合格后,请求下杆。

3. 工作终结

（1）小组成员做好收尾工作,整理现场工器具,工器具、仪器仪表入库。

（2）工作完成后,组长召开小组会议,对每个人在本次任务中的表现进行点评,给每一位小组成员评出合理的分数。

（3）以组为单位将作业指导书、小组工作总结及小组成员成绩单交给指导老师。

微课4.3　更换10 kV
线路悬式绝缘子

（三）更换10 kV线路悬式绝缘子

前面讲述的是更换10 kV线路针式绝缘子的作业前准备、更换步骤、安全措施等。在实际工作中,10 kV耐张悬式绝缘子更换工作同样存在,它们存在一定的区别。

绝缘子与导线的固定方式不同。在更换针式绝缘子的过程中,工作人员可以直接拆除导线与绝缘子的绑扎铝线,分离绝缘子与导线。但由于耐张悬式绝缘子与导线连接处存在张力,绝缘子和导线不能直接分离。因此在更换悬式绝缘子时,需要借助紧线器与卡线器将导线收紧,使悬式绝缘子不再承受张力,便于取下悬式绝缘子。

因此,更换10 kV线路悬式绝缘子的过程与更换针式绝缘子过程基本相似,只是与导线的分离和连接过程有所不同。10 kV悬式绝缘子需借助紧线器与卡线器分离和连接导线,而10 kV针式绝缘子则直接由作业人员用手拆除原有绑扎铝线并绑上新的铝线。

【任务实施】

（一）工作准备

（1）课前预习相关知识部分,熟悉10 kV配电线路运行时对线路绝缘子的要求,经班组认真讨论后制订10 kV配电线路绝缘子更换作业指导书(作业卡)。

（2）填写任务工单的咨询、决策、计划部分。

（二）操作步骤

（1）接受工作任务。

（2）准备检修用的工器具。

（3）各小组站队"三交"。

（4）危险点分析与控制(填写风险辨识卡)。

（5）检修用的工器具检查。

（6）分组对10 kV××线进行绝缘子更换,填写工作记录表(工作过程记录如表4-2所示),填写工作总结。

(7)更换绝缘子工作任务完成,工器具、仪器仪表入库,汇报班长,资料归档。

表 4-2　10 kV 线路更换绝缘子工作过程记录表

一、基本信息					
线路名称		工作单位		工作地点	
工作日期		工作天气		温度/℃	
二、10 kV 线路现场停电,挂接地线示意图					
三、工器具准备及检测					
四、现场实际工作记录					
五、工作小结					

任务工单

任务描述:配电线路运行班接到工作任务通知,对 10 kV××线路 3 号杆 A 相针式绝缘子进行更换。

1.咨询(课外完成)

(1)你所见过的绝缘子有哪些? 说一说你对它们的印象。

(2)说一说配电线路绝缘子损坏的原因。

2.决策(课外完成)

(1)岗位划分:

班　组	岗　位	
	工作负责人	工作班成员

(2)编制 10 kV××线路 3 号杆 A 相针式绝缘子更换作业指导书(作业卡)。

①所需工器具及材料准备。

②危险点分析与控制措施。

③工作内容及验收。

④工作过程记录表。

3.现场操作

由学生现场操作。

4. 检查及评价

考评项目		自我评估	组长评估	教师评估	备　注
素质考评 20%	劳动纪律5%				
	积极主动5%				
	协作精神5%				
	贡献大小5%				
工单考评20%					
操作考评60%					
综合评价100分					

任务4.2　更换横担

【教学目标】

1. 知识目标

(1)掌握配电线路更换横担的组织措施、安全措施及技术措施具体内容。

(2)熟悉国网公司配电线路停电更换横担的标准化作业流程及方法要求。

(3)熟悉配电线路更换横担的工艺要求及验收标准。

2. 能力目标

(1)能根据现场需要,编制10 kV架空配电线路更换横担作业指导书(作业卡)。

(2)根据线路更换横担任务准备工器具等。

(3)能够以小组为单位完成10 kV配电线路横担更换工作。

3. 素质目标

(1)自主学习,主动发现任务实施过程中的难题,并尝试解决难题。

(2)拥有团队精神,在小组共同完成任务的过程中主动交流、配合。

(3)始终牢记安全红线,爱岗敬业,勤奋工作。

【任务描述】

任务名称:更换10 kV横担。

任务内容:××线路实训场地有一条架设多年的10 kV架空配电线路,由于架设在室外,受自然环境影响,这条10 kV配电线路2号杆的横担出现严重锈蚀,需进行更换。按照国网公司标准化作业要求,现对××10 kV架空配电线路2号杆横担进行更换,学生接到任务后24 h内完成横担更换任务。

(1)班级成员自由组合,组成几个6~7人的线路运检班,各班自行选出班长和副班长。

(2)线路运检班长召集组员利用课外时间熟悉××10 kV配电线路更换横担标准化流程,编制10 kV配电线路横担更换作业指导书,填写任务工单相关内容。

(3)讨论制订实施计划。

(4)各线路运检班组按照实施计划进行横担更换工作。

(5)各线路运检班组针对实施过程中存在的问题进行讨论、修改,填写小组作业卡、工序质量卡和完善任务工单。

【相关知识】

微课4.4　更换横担

一、理论咨询

横担是杆塔中重要的组成部分,横担是用来安装金具及绝缘子,以支撑导线、避雷线,并使之按规定保持一定的安全距离。

1.按用途分类

按用途,横担可以分为直线横担、转角横担、耐张横担。

直线横担:只考虑在正常未断线情况下,承受导线的垂直荷重和水平荷重。

耐张横担:承受导线垂直和水平荷重外,还将承受导线的拉力。

转角横担:除承受导线的垂直和水平荷重外,还将承受较大的单侧导线拉力。

2.按材料分类

按材料,横担可分为铁横担、瓷横担、合成绝缘横担。

铁横担:主要原材料为等边角钢,其规格根据角钢大小及横担长短命名,是目前应用最广泛的一种横担。图4-5所示为不同长度的铁横担。

瓷横担:由铁帽、钢化玻璃件和钢脚组成,并用水泥胶合剂胶合为一体。它具有质量轻,强度高和爬电距离大的优点,可节约金属材料和降低线路造价。图4-6所示为某10 kV线路采用的瓷横担。

图4-5 不同长度的铁横担

图4-6 瓷横担在10 kV线路中的应用

合成绝缘横担:采用高强度绝缘芯棒与有机硅橡胶裙套整体硫化成形和端部金具压接紧固为一个整体。其结构简单,质量轻,抗污能力强,机械强度高,安装方便,不需维护,是瓷绝缘子的替代产品,适用于10 kV配电线路,具有良好的推广价值。图4-7所示为采用硅橡胶材质的合成绝缘横担。

3.横担安装的验收规范

(1)线路横担的安装:直线杆单横担应装于受电侧;90°转角杆及终端杆采用单横担时,应装于拉线侧。

(2)横担安装应平整,安装偏差不应超过下列规定数值:横担端部上下歪斜20 mm;横担端部左右扭斜20 mm。

(3)导线为水平排列时,上层横担距杆顶距离不宜小于200 mm。

图4-7 硅橡胶合成绝缘横担

(4)瓷横担安装应符合下列规定:

①垂直安装时,顶端顺线路歪斜不应大于10 mm。

②水平安装时,顶端应向上翘起5~10°,顶端顺线路歪斜不应大于20 mm。

③全瓷式瓷横担的固定处应加软垫。

(5)同杆架设的双回路或多回路线路,横担间的垂直距离,不应小于表4-3所列数值。

表4-3 同杆架设线路横担间的最小垂直距离(单位:mm)

架设方式	直线杆	分支或转角杆
1~10 kV 与 1~10 kV 架设	800	500
1~10 kV 与 1 kV 以下架设	1 200	1 000
1 kV 以下与 1 kV 以下架设	500	300

二、实践咨询

（一）更换 10 kV 线路横担的准备工作

1. 作业条件要求

10 kV 线路横担的更换属于露天高处作业,根据《国家电网公司电力安全工作规程》规定,在 5 级及以上的大风以及暴雨、雷电、冰雹、大雾、沙尘暴等恶劣天气下,应停止露天高处作业。

2. 危险点分析及控制措施制订

危险点分析及控制措施见表 4-4。

表 4-4　更换 10 kV 线路绝缘子的危险点分析及控制措施

危险点	控制措施
高空坠落	(1)上杆塔作业前,应先检查安全带、脚钉、爬梯、防坠装置等是否完整牢靠,严禁利用绳索下滑; (2)杆塔上有人时,不准调整或拆除拉线。
触电或感应触电	(1)在带电导线附近所用工器具、材料应用绝缘无极绳索传递; (2)登塔作业人员、绳索、工器具及材料与带电体保持相应的安全距离; (3)设专人监护,监护人不得从事其他工作; (4)严格执行停电、验电、装设接地线、使用个人保安线制度。
物体打击	(1)现场工作人员必须正确佩戴安全帽; (2)横担在上下传递时,务必选用正确的绳扣,防止横担直接掉下伤人。

3. 仪器、工器具准备

准备的仪器、工器具包括:符合使用要求的验电器、脚扣、安全带,人身后备保护绳、传递绳、活动扳手、横担、横担抱箍、工具包。

（二）更换 10 kV 线路横担操作步骤

1. 挂接地线

(1)作业人员登杆前先核对线路名称、杆号、标志是否与停电线路相符,进行冲击试验。

(2)找到要挂接地线的杆位,作业人员分别携带验电器、接地线登上电杆,先进行验电,确认无电压后再逐相挂接地线,任务完成后报告,请求下杆。

2. 更换横担

(1)作业人员登杆前先核对线路名称、杆号,确认无误后,再进行冲击试验。

(2)作业人员在监护人的监护下,带上工具包登到横担处,先后将后备保险及传递绳系在杆身牢固构件上。

（3）使用导线保护绳将导线固定在电杆上，拆除横担上的绝缘子，将绝缘子传递至地面。

（4）拆除旧横担，使用传递绳将旧横担传递至地面。

（5）将新横担上吊，安装至指定位置，安装时注意调整横担，使横担左右等高，与线路方向垂直。

（6）将绝缘子、导线复位，清理杆上工器具后，杆上作业人员下杆。

3. 拆除接地线

（1）工作人员检查线路设备上无遗留物及材料，开始拆除接地线。

（2）拆接地线的过程与挂接地线的程序正好相反。

（3）工作人员拆除接地线下电杆。

4. 工作结束

（1）整理工器具，清理场地。

（2）工作完成后，组长召开小组会议，对每个人在本次任务中的表现进行点评，给每一个小组成员评出合理的分数。

（3）以组为单位将作业指导书、小组工作总结及小组成员成绩单交给指导老师。

【任务实施】

（一）工作准备

（1）课前预习相关知识部分，熟悉《国家电网公司电力安全工作规程》对于露天高处作业的安全规定，熟悉 10 kV 架空线路横担的安装标准，经班组认真讨论后完成 10 kV ×× 线路更换横担的作业指导书（作业卡）。

（2）填写任务工单的咨询、决策、计划部分。

（二）操作步骤

（1）接受工作任务。

（2）准备检修用的工器具。

（3）各小组站队"三交"。

（4）危险点分析与控制（填写风险辨识卡）。

（5）检修用的工器具检查。

（6）分组对 10 kV ×× 线进行横担更换，记录工作过程，填写工作记录表（工作过程记录表如表 4-5 所示），填写工作总结。

（7）更换绝缘子工作任务完成，工器具、仪器仪表入库，汇报班长，资料归档。

表4-5　10 kV线路更换横担工作过程记录表

一、基本信息					
线路名称		工作单位		工作地点	
工作日期		工作天气		温度/℃	
二、10 kV线路现场停电,挂接地线示意图					
三、工器具准备及检测					
四、现场实际工作记录					
五、工作小结					

任务工单

任务描述:配电线路运行班接到工作任务通知,对 10 kV××线 2 号杆横担进行更换。

1. 咨询(课外完成)

(1)横担在架空线路中起到的作用是什么?

(2)常见的横担种类有哪些?

(3)横担更换过程中可能会出现哪些安全风险?

2. 决策(课外完成)

(1)岗位划分:

班 组	岗 位	
	工作负责人	工作班成员

(2)编制 10 kV××线更换横担作业指导书(作业卡)。

①所需工器具及材料准备。

②危险点分析与控制措施。

③工作内容及验收。

④工作过程记录表。

3. 现场操作

由学生现场操作。

4. 检查及评价

考评项目		自我评估	组长评估	教师评估	备　注
素质考评 20%	劳动纪律 5%				
	积极主动 5%				
	协作精神 5%				
	贡献大小 5%				
工单考评 20%					
操作考评 60%					
综合评价 100 分					

任务 4.3　更换跌落式熔断器

【教学目标】

1. 知识目标

(1) 掌握配电线路更换跌落式熔断器的组织措施、安全措施及技术措施具体内容。

(2) 熟悉国网公司配电线路停电更换跌落式熔断器的标准化作业流程及方法要求。

(3) 熟悉配电更换跌落式熔断器的工艺要求及验收标准。

2. 能力目标

(1) 能根据现场实际情况,编制 10 kV 架空配电线路更换跌落式熔断器作业指导书(作业卡)。

(2) 根据线路更换跌落式熔断器任务准备工器具等。

(3) 能够以小组为单位完成 10 kV 配电线路跌落式熔断器更换任务。

3. 素质目标

(1) 自主学习,主动发现任务实施过程中的难题,并尝试解决难题。

(2) 拥有团队精神,在小组共同完成任务的过程中主动交流、配合。

(3) 始终牢记安全红线,爱岗敬业,勤奋工作。

【任务描述】

任务名称:更换 10 kV 跌落式熔断器。

任务内容:××线路实训场地有一条架设多年的 10 kV 架空配电线路,由于架设在室外,受自然环境影响,这条 10 kV 配电线路 1 号杆上跌落式熔断器出现故障,需进行更换。按照国网公司标准化作业要求,现对××10 kV 架空配电线路 1 号杆跌落式熔断器进行更换,学生接到任务后 24 h 内完成跌落式熔断器更换任务。

任务要求:

(1)班级成员自由组合,组成几个 6~7 人的线路运检班,各班自行选出班长和副班长。

(2)线路运检班长召集组员利用课外时间熟悉××10 kV 配电线路更换跌落式熔断器标准化流程,编制 10 kV 配电线路跌落式熔断器更换作业指导书,填写任务工单相关内容。

(3)讨论制订实施计划。

(4)各线路运行班组按照实施计划进行跌落式熔断器更换任务。

(5)各班组针对实施过程中存在的问题进行讨论、修改,填写小组作业卡、工序质量卡和完善任务工单。

【相关知识】

一、理论咨询

(一)跌落式熔断器

跌落式熔断器是配电线路中配电变压器及分支线最常用的一种短路保护开关,其拥有性价比高、操作方便、适应户外环境性强等特点,被广泛应用于 10 kV 配电线路和配电变压器一次侧作为保护和进行设备投、切操作之用。跌落式熔断器具有一个明显的断开点,便于寻找故障检修设备。其外形如图 4-8 所示。

(二)跌落式熔断器的结构与工作原理

1.常用跌落式熔断器结构

具体结构如图 4-9 所示,共由 12 个部分组成。

图 4-8 跌落式熔断器

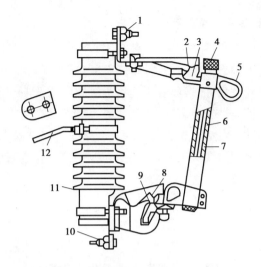

图 4-9 RW4-10(G)型跌落式熔断器

1—上接线端子;2—上静触头;3—上动锄头;

4—管帽(带薄膜);5—操作环;

6—熔管(外层为酚醛纸管或环氧玻璃套管,内套纤维窗灭弧管)

7—铜熔丝;8—下动触头;9—下静触头;10—下接线端子;

11—绝缘子;12—固定安装板

2.跌落式熔断器工作原理

熔丝管两端的动触头依靠熔丝(熔体)系紧,将上动触头推入"鸭嘴"凸出部分后,磷铜片等制成的上静触头顶着上动触头,故而熔丝管牢固地卡在"鸭嘴"里。当短路电流通过熔丝熔断时,产生电弧,熔丝管内衬的钢纸管在电弧作用下产生大量的气体,因熔丝管上端被封死,气体向下端喷出,吹灭电弧。由于熔丝熔断,熔丝管的上下动触头失去熔丝的系紧力,在熔丝管自身重力和上、下静触头弹簧片的作用下,熔丝管迅速跌落,使电路断开,切除故障段线路或者故障设备。

(三)跌落式熔断器的型号介绍

跌落式熔断器的型号及意义如图 4-10 所示。

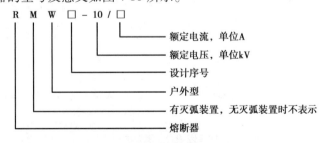

图 4-10 跌落式熔断器型号的意义

例如:RMW4—10/50 型,即指额定电流 50 A、额定电压 10 kV、户外 4 型带有灭弧装置的高压熔断器。

(四)跌落式熔断器安装要求

(1)各部分零件完整、安装牢固。

(2)转轴光滑灵活,铸件不应有裂纹、砂眼。

(3)瓷件良好,熔丝管不应有吸潮膨胀或弯曲现象。

(4)熔断器安装牢固、排列整齐、高低一致,熔管轴线与地面的垂线夹角为15°~30°。

(5)动作灵活可靠、接触紧密,合熔丝管时上触头应有一定的压缩行程。

(6)上下引线应压紧,与线路导线的连接应紧密可靠。

二、实践咨询

(一)更换10 kV线路跌落式熔断器准备工作

1. 作业条件要求

更换跌落式熔断器属于露天高处作业,根据《国家电网公司电力安全工作规程》规定,在5级及以上的大风以及暴雨、雷电、冰雹、大雾、沙尘暴等恶劣天气下,应停止露天高处作业。

2. 危险点分析及控制措施制定

在进行线路交叉跨越距离测量时,要注意的危险点及控制措施见表4-6。

表4-6　更换跌落式熔断器危险点分析

危险点	控制措施
高空坠落	(1)上杆塔作业前,应先检查安全带、脚钉、爬梯、防坠装置等是否完整牢靠,严禁利用绳索下滑; (2)在电杆上或高台上作业时,不得失去安全带的保护。
触电或感应触电	(1)在带电导线附近所用工器具、材料应用绝缘无极绳索传递; (2)登塔作业人员、绳索、工器具及材料与带电体保持相应的安全距离; (3)设专人监护,监护人不得从事其他工作; (4)严格执行停电、验电、装设接地线、使用个人保安线制度。
物体打击	(1)现场工作人员必须正确佩戴好安全帽; (2)跌落式熔断器在拉合时,正下方不得站人,以防砸伤。

3. 仪器、工器具准备

准备的仪器、工器具包括:符合使用要求的验电器、脚扣、安全带,人身后备保护绳、传递绳、活动扳手、跌落式熔断器、工具包等。

(二)更换10 kV线路跌落式熔断器操作步骤

1. 验电挂接地线

(1)作业人员登杆前先核对线路名称、杆号、标志是否与停电线路相符,无误后进行冲击试验。

（2）找到要挂接地线的杆位，作业人员分别携带验电器、接地线登上电杆，先进行验电，确认无电压后再逐相挂接地线，任务完成后报告，请求下杆。

2. 更换跌落式熔断器

（1）作业人员要核对线路名称、杆号，必须确认无误，冲击试验完成后，携带工具包及传递绳登至适当工作位置，将保险绳系在电杆牢固构件处。

（2）拆除跌落保险两侧桩头引线。

（3）拆除跌落保险，并使用传递绳传至地面。

（4）地面人员配合，将新的跌落保险用传递绳吊上杆。

（5）安装好跌落保险两侧桩头引线。

（6）清理杆上工器具，作业人员下杆。

3. 拆除接地线

（1）工作人员检查线路设备上无遗留物及材料，开始拆除接地线。

（2）拆接地线的程序与挂接地线的程序相反。

（3）工作人员拆除接地线下电杆，工作结束。

4. 工作终结

（1）小组成员做好收尾工作，整理现场工器具，工器具、仪器仪表入库。

（2）工作完成后，组长召开小组会议，对每个人在本次任务中的表现进行点评，给每一位小组成员评出合理的分数。

（3）以组为单位将作业指导书、小组工作总结及小组成员成绩单交给指导老师。

【任务实施】

（一）工作准备

（1）课前预习相关知识部分，熟悉《国家电网公司电力安全规程》对于露天高处作业的安全规定，熟悉 10 kV 跌落式熔断器的安装标准，经班组认真讨论后填写 10 kV××线路完成更换跌落式熔断器的作业指导书（作业卡）。

（2）填写任务工单的咨询、决策、计划部分。

（二）操作步骤

（1）接受工作任务。

（2）准备检修用的工器具。

（3）各小组站队"三交"。

（4）危险点分析与控制（填写风险辨识卡）。

（5）检修用的工器具检查。

（6）分组对 10 kV××线进行跌落式熔断器更换，记录工作过程，填写工作记录表（表4-7）。

（7）更换绝缘子工作任务完成，工器具、仪器仪表入库，汇报班长，资料归档。

表4-7　10 kV 线路更换跌落式熔断器工作过程记录表

一、基本信息					
线路名称		工作单位		工作地点	
工作日期		工作天气		温度/℃	

二、10 kV 线路现场停电，挂接地线示意图

三、工器具准备及检测

四、现场实际工作记录

五、工作小结

任务工单

任务描述:配电线路运行班接到工作任务通知，对 10 kV ××线 1 号杆跌落式熔断器进行更换。

1. 咨询（课外完成）

（1）跌落式熔断器的原理是什么？它是怎么保护线路的？

（2）跌落式熔断器有哪些常见型号？

2. 决策（课外完成）

（1）岗位划分：

班　组	岗　位	
	工作负责人	工作班成员

（2）编制 10 kV××线更换跌落式熔断器作业指导书（作业卡）。

①所需工器具及材料准备。

②危险点分析与控制措施。

③工作内容及验收。

④工作过程记录表。

3. 现场操作

由学生现场操作。

4. 检查及评价

考评项目		自我评估	组长评估	教师评估	备　注
素质考评 20%	劳动纪律 5%				
	积极主动 5%				
	协作精神 5%				
	贡献大小 5%				
工单考评 20%					
操作考评 60%					
综合评价 100 分					

任务 4.4　更换 10 kV 杆上避雷器

【教学目标】

1. 知识目标

(1)掌握配电线路更换 10 kV 杆上避雷器的组织措施、安全措施及技术措施具体内容。

(2)熟悉国网公司配电线路停电更换避雷器的标准化作业流程及方法要求。

(3)熟悉配电更换避雷器的工艺要求及验收标准。

2. 能力目标

(1)能根据现场需要,编制 10 kV 架空配电线路更换避雷器作业指导书(作业卡)。

(2)能根据线路更换避雷器,准备工器具等。

(3)能够以小组为单位完成 10 kV 配电线路避雷器更换任务。

3. 素质目标

(1)自主学习,主动发现任务实施过程中的难题,并尝试解决难题。

(2)拥有团队精神,在小组共同完成任务的过程中主动交流、配合。

(3)始终牢记安全红线,爱岗敬业,勤奋工作。

【任务描述】

任务名称:更换 10 kV 避雷器。

任务内容:××线路实训场地有一条架设多年的 10 kV 架空配电线路,由于架设在室外,受自然环境影响,这条 10 kV 配电线路 1 号杆上的 10 kV 避雷器已经损坏严重,需进行更换。按照国网公司标准化作业要求,现对××10 kV 架空配电线路 1 号杆避雷器进行更换,学生接到任务后 24 h 内完成避雷器更换任务。

(1)班级成员自由组合,组成几个 6~7 人的线路运检班,各班自行选出班长和副班长。

(2)线路运检班长召集组员利用课外时间熟悉配电线路更换避雷器标准化流程,编制 10 kV 配电线路避雷器更换作业指导书,填写任务工单相关内容。

(3)讨论制订实施计划。

(4)各线路运行班组按照实施计划进行避雷器更换任务。

(5)各线路运行班组针对实施过程中存在的问题进行讨论、修改,填写小组作业卡、工序质量卡和完善任务工单。

【相关知识】

一、理论咨询

（一）避雷器用途及原理

单纯依靠提高设备绝缘水平来降低雷电过电压和内部过电压对运行中的配电线路及设备造成的危害,不仅经济效益比较差,技术难度也较大。现行通用办法是使用专门限制过电压的电气设备——避雷器(如图4-11所示),将过电压限制在一个合理的水平上,然后按此选用相应的设备绝缘水平,可满足经济性要求,技术上也容易达到。

避雷器的实质是一种放电器,通常与被保护设备并联,连接在电网导线与地线之间,避雷器的连接原理如图4-12所示。避雷器的击穿电压要比被保护的设备低,当过电压沿线路入侵并超过避雷器的放电电压时,避雷器首先放电将入侵过电压导向大地,大大限制了作用于设备上的过电压数值,从而保护设备免遭过电压击穿。当过电压消失后,避雷器自行恢复绝缘能力,避免造成工频接地短路事故。因此,通过安装避雷器,不仅可以提高被保护设备的运行可靠性,也可以降低设备的绝缘水平,大大降低造价。

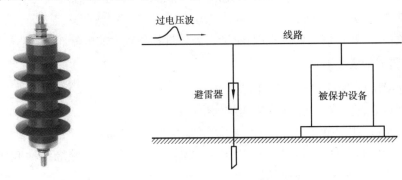

图4-11　避雷器　　　　　　图4-12　避雷器的连接原理图

避雷器应符合下列基本要求:

(1)能长期承受系统的额定电压,并可在短时间内承受可能出现的暂时过电压。

(2)在过电压作用下,其保护能力满足绝缘水平的要求。

(3)能承受过电压下产生的热量。

(4)过电压过去之后,避雷器能够迅速恢复正常工作状态。

（二）避雷器的分类与型号

1. 避雷器的分类

避雷器按工作原件的材料可分为阀型避雷器、金属氧化物避雷器。金属氧化物避雷器按照结构又可分为无间隙金属氧化物避雷器、有串联间隙金属氧化物避雷器、有并联间隙金属氧化物避雷器。每种类型的避雷器的工作原理各有不同,但工作实质是一样的,都是为了保护设备不受过电压损害。

2.避雷器型号

避雷器型号示意图如图4-13所示,其中各个单元代表的含义如下:

图 4-13　避雷器型号示意图

(1)产品型式:Y—交流系统用瓷外套金属氧化物避雷器;YH—交流系统用复合外套金属氧化物避雷器。

(2)标称放电电流,kA。

(3)结构特征代号:W—无间隙;C—有串联间隙;B—有并联间隙。

(4)使用场所代号:S—适用于配电站;Z—变电站;W—户外。

(5)设计序号,用数字表示。

(6)避雷器额定电压,kV。

(7)标称放电电流下的残压,kV。

(8)附加特征:TL—避雷器附带脱离器;W—重污秽地区;G—高海拔地区。

(三)避雷器的工作特性

(1)保护性:限制过电压,保护电气设备绝缘不会因为受到过电压而损坏。

(2)灭弧性:过电压引起避雷器内部火花间隙击穿,而火花间隙能够在迅速熄灭电弧的同时而不中断电力系统正常供电。

(3)通流能力:避雷器动作过程中,不会因为通过各种较大的电流而损坏。

(四)避雷器的安装要求

杆上避雷器的安装应符合下列规定:

(1)瓷件良好,瓷套与固定抱箍之间应加垫层。

(2)安装牢固、排列整齐、高低一致,相间距离不小于 350 mm。

(3)引下线应短而直、连接紧密;采用绝缘线时,其上引线的铜绝缘线横截面积不小于 16 mm^2;下引线的铜绝缘线横截面积不小于 25 mm^2。

(4)与电气部分连接,不应使避雷器产生外加应力。

(5)引下线应可靠接地,接地电阻值应符合规定。

二、实践咨询

(一)更换 10 kV 杆上避雷器的准备工作

1.测量条件要求

更换 10 kV 杆上避雷器属于露天高处作业,根据《国家电网公司电力安全工作规程》规定,在 5 级及以上的大风以及暴雨、雷电、冰雹、大雾、沙尘暴等恶劣天气下,应停止露天高处作业。

2. 危险点分析及控制措施制定

在进行杆上避雷器更换工作时要注意的危险点及控制措施见表 4-8。

表 4-8　更换杆上避雷器危险点分析

危险点	控制措施
高空坠落	(1)上杆塔作业前,应先检查安全带、脚钉、爬梯、防坠装置等是否完整牢靠,严禁利用绳索下滑; (2)在电杆上或高台上作业时,不得失去安全带的保护。
触电或感应触电	(1)在带电导线附近所用工器具、材料应用绝缘无极绳索传递; (2)登塔作业人员、绳索、工器具及材料与带电体保持相应的安全距离; (3)设专人监护,监护人不得从事其他工作; (4)严格执行停电、验电、装设接地线、使用个人保安线制度。
物体打击	(1)现场工作人员必须正确佩戴好安全帽; (2)杆上有人作业时,正下方不得站人,专职监护员站在侧方对作业人员进行监护,以防砸伤。

3. 仪器、工器具准备

准备的仪器、工器具包括:符合使用要求的验电器、脚扣、安全带,人身后备保护绳、传递绳、活动扳手、避雷器、工具包。

(二)更换 10 kV 杆上避雷器的操作步骤

1. 停电、验电、挂接地线

(1)停电。到达工作现场后,工作负责人核对线路名称、杆号、变压器台区名称,确认无误后,通知现场工作许可人停电并布置现场安全措施。

(2)验电、挂接地线。停电后,作业人员携带验电器登杆,在安全距离以外先进行验电,确认无电压后再逐相挂接地线,任务完成后报告,请求下杆。

2. 更换避雷器

(1)登杆前检查(三确认):

①作业人员核对线路名称及杆号、台区名称,确认无误后方可登杆。

②作业人员观测估算电杆埋深及裂纹情况,确认稳固后方可登杆。

③作业人员检查(冲击试验)登高工具是否安全可靠,确认无误后方可登杆。

(2)携带工具包及传递绳登至适当工作位置,将保险带系在电杆牢固构件处,使用传递绳拴在避雷器上,拆掉避雷器上下接线和固定螺丝,将避雷器吊至地面。

(3)地面人员将新避雷器拴在传递绳上,杆上人员吊上避雷器,先固定在支架上,再接好上下引线。

(4)杆上作业人员对安装工艺进行自检,自检合格后,清理杆上工器具即可下杆。

3.工作终结

(1)小组成员做好收尾工作,整理现场工器具,工器具、仪器仪表入库。

(2)工作完成后,组长召开小组会议,对每个人在本次任务中的表现进行点评,给每一位小组成员评出合理的分数。

(3)以组为单位将作业指导书、小组工作总结及小组成员成绩单交给指导老师。

【任务实施】

(一)工作准备

(1)课前预习相关知识部分,熟悉《国家电网公司安全规程》对于露天高处作业的安全规定,熟悉 10 kV 杆上避雷器的安装标准,经班组认真讨论后完成 10 kV××线路更换避雷器的作业指导书(作业卡)。

(2)填写任务工单的咨询、决策、计划部分。

(二)操作步骤

(1)接受工作任务。

(2)准备检修用的工器具。

(3)各小组站队"三交"。

(4)危险点分析与控制(填写风险辨识卡)。

(5)检修用的工器具检查。

(6)分组对 10 kV××线进行避雷器更换,记录工作过程,填写工作记录表(表4-9)。

(7)更换绝缘子工作任务完成,工器具、仪器仪表入库,汇报班长,资料归档。

表 4-9　10 kV 线路更换避雷器工作过程记录表

一、基本信息					
线路名称		工作单位		工作地点	
工作日期		工作天气		温度/℃	
二、10 kV 线路现场停电,挂接地线示意图					

续表

三、工器具准备及检测
四、现场实际工作记录
五、工作小结

任务工单

任务描述：配电线路运行班接到工作任务通知，对 10 kV ××线 1 号杆杆上避雷器进行更换。

1. 咨询(课外完成)

(1)什么是避雷器，你在平时生活中有观察到避雷器吗？

(2)避雷器的工作原理是什么？

2. 决策(课外完成)

(1)岗位划分:

班　组	岗　位	
	工作负责人	工作班成员

(2)编制 10 kV××线更换避雷器作业指导书(作业卡)。

①所需工器具及材料准备。

②危险点分析与控制措施。

③工作内容及验收。

④工作过程记录表。

3. 现场操作

由学生现场操作。

4. 检查及评价

考评项目		自我评估	组长评估	教师评估	备　注
素质考评 20%	劳动纪律5%				
	积极主动5%				
	协作精神5%				
	贡献大小5%				
工单考评20%					
操作考评60%					
综合评价100分					

任务 4.5　10 kV 架空线路导线修补

【教学目标】

1. 知识目标

(1)掌握配电线路更换 10 kV 架空配电线路导线修补的组织措施、安全措施及技术措施具体内容。

(2)熟悉国网公司架空配电线路停电修补导线的标准化作业流程及方法要求。

(3)熟悉架空配电线路导线修补的工艺要求及验收标准。

2. 能力目标

(1)能根据现场需要,编制 10 kV 架空配电线路导线修补作业指导书(作业卡)。

(2)根据架空配电线路导线修补任务准备工器具等。

(3)能够以小组为单位完成 10 kV 架空配电线路导线修补工作。

3. 素质目标

(1)自主学习,主动发现任务实施过程中的难题,并尝试解决难题。

(2)拥有团队精神,在小组共同完成任务的过程中主动交流、配合。

(3)始终牢记安全红线,爱岗敬业,勤奋工作。

【任务描述】

任务名称:10 kV 架空配电线路导线修补。

任务内容:××线路实训场地有一条架设多年的 10 kV 架空配电线路,由于架设在室外,受自然环境影响,这条 10 kV 配电线路某处 A 相导线出现断股现象,需对其进行修补。按照国网公司标准化作业要求,现对该线路架空导线进行修补,学生接到任务后 24 h 内完成导线修补任务。

(1)班级成员自由组合,组成几个 6～7 人的线路运检班,各班自行选出班长和副班长。

(2)线路运检班长召集组员利用课外时间熟悉配电线路架空导线修补标准化流程,编制 10 kV 架空线路导线修补作业指导书,填写任务工单相关内容。

(3)讨论制订实施计划。

(4)各线路运检班组按照实施计划进行架空输配电线路导线修补工作任务。

(5)各线路运检班组针对实施过程中存在的问题进行讨论、修改,填写小组作业卡、工序质量卡和完善任务工单。

【相关知识】

一、理论咨询

（一）架空导线损伤故障

架空电力线路往往在户外条件下运行，随着线路运行时间的增长，导线往往会出现磨损或者断股现象，尤其是在瓷瓶绑扎点、耐张线夹等挂线点及支撑点附近。当导线出现磨损或断股现象时，应该及时消除隐患，否则随着时间的推移，这些现象会逐渐演变为更严重的断股甚至断线、倒杆、倒塔等事故，对线路安全运行造成严重的危害。因此，有必要及时对导线磨损、断股处进行修补，以确保线路安全运行。

（二）相关规程规范

（1）导线在同一处损伤，同时符合下列情况时，应将损伤处棱角与毛刺用 0 号砂纸磨光，可不作补修：

①单股损伤深度小于直径的 1/2。

②钢芯铝绞线、钢芯铝合金绞线损伤截面积小于导电部分截面积的 5%，且强度损失小于 4%。

③单金属绞线损伤截面积小于 4%。

注：①同一处损伤截面积是指该损伤处在一个节距内的每股铝丝沿铝股损伤最严重处的深度换算出的截面积总和（下同）。

②当单股损伤深度达到直径的 1/2 时按断股论。

（2）根据相关规程《DL/T741-2010 架空输电线路运行规程》第 5.2.1 条规定，导、地线由断股、损伤造成强度损失或减少截面的处理标准按表 4-10 的规定。

表 4-10　导线损伤修补处理标准

线　别	处理方法			
	金属单丝、预绞丝补修条补修	预绞式补修条、普通补修管补修	加长型补修管、预绞式接续条	接续管、预绞式接续条、接续管补强接续条
钢芯铝绞线钢芯铝合金绞线	导线在同一处损伤导致强度损失未超过总拉断力的 5% 且截面积损伤未超过总导电部分截面积的 7%	导线在同一处损伤导致强度损失未超过总拉断力的 5%～17% 且截面积损伤占总导电部分截面积的 7%～25%	导线损伤范围导致强度损失在总拉断力的 17%～50% 且截面积损伤在总导电部分截面积的 25%～60%	导线损伤范围导致强度损失在总拉断力的 50% 以上且截面积损伤在总导电部分截面积的 60% 及以上

线　别	处理方法			
	金属单丝、预绞丝补修条补修	预绞式补修条、普通补修管补修	加长型补修管、预绞式接续条	接续管、预绞式接续条、接续管补强接续条
铝绞线 铝合金绞线	断损截面不超过总面积的7%	断股损伤截面占总面积的7%～25%	股损伤截面积占总面积的25%～60%	股损伤截面积占总面积的60%以上
镀锌钢绞线	19股断1股	7股断1股 19股断2股	7股断2股 19股断3股	7股断2股以上 19股断3股以上

注：①钢芯铝绞线导线应未伤及钢芯,计算强度损失或总截面损伤时,按铝股的总拉断力和铝总截面积作为基数进行计算。

②铝绞线、铝合金绞线导线计算损伤截面时,按导线的总截面积作为基数进行计算。

③良导体架空地线按钢芯铝绞线计算强度损失和铝界面损失。

图4-14　采用缠绕处理修补导线

（3）在配电线路检修过程中,常用到缠绕修补及接续管压接两种方式。

①如图4-14所示为采用缠绕处理修补导线,应符合下列规定：

微课4.5　缠绕法修补导线

a.受损伤处的线股应处理平整。

b.应选与导线同金属的单股线为缠绕材料,其直径不应小于2 mm。

c.缠绕中心应位于损伤最严重处,每圈扎线都扎紧且无缝隙,扎线缠绕方向与导线绞向一致且与导线呈90°夹角。

d.缠绕中心应位于损伤最严重处,缠绕应紧密,受损伤部分应全部覆盖,每端缠绕长度超过损伤部分不小于100 mm。

②采用接续管补修导线如图4-15所示,应符合下列规定：

a.先将线头剪切平整（剪切前应用细扎丝封头）,用细钢丝刷和0#砂布去除导线连接处污垢,再用清洗剂清洗导线表面和接续管内部污垢;清除长度应为连接部分的2倍,连接部位的铝质接触面,应涂一层电力复合脂。

b.导线穿入接续管后,端头露出长度经压接后不应小于20 mm;导线端头绑线应保留。

c.压接过程须按相关压接规范压接。

③导线采用钳压接续管进行连接时,应符合下列规定：

a.接续管型号与导线的规格应配套。

图 4-15　采用修补管修补导线

b. 导线钳压压口数及压口尺寸,应符合表 4-11 的规定。

c. 钳压后导线端头露出长度,不应小于 20 mm,导线端头绑线不应拆除。

d. 压接后的接续管弯曲度不应大于管长的 2%,大于 2% 时应校直。

e. 压接后或校直后的接续管不应有裂纹。

f. 压接后接续管两端附近的导线不应有灯笼、抽筋等现象。

g. 压接后接续管两端出口处、合缝处及外露部分应涂刷油漆。

表 4-11　导线钳压压口数及压口尺寸

导线型号		钳压部位尺寸			压口尺寸	压口数
		a_1/mm	a_2/mm	a_3/mm	D/mm	
钢芯铝绞线	LGJ-16	28	14	28	12.5	12
	LGJ-25	32	15	31	14.5	14
	LGJ-35	34	42.5	93.5	17.5	14
	LGJ-50	38	48.5	105.5	20.5	16
	LGJ-70	46	54.5	123.5	25.5	16
	LGJ-95	54	61.5	142.5	29.5	20
	LGJ-120	62	67.5	160.5	33.5	24
	LGJ-150	64	70	166	36.5	24
	LGJ-185	66	74.5	173.5	39.5	26
铝绞线	LJ-16	28	20	34	10.5	6
	LJ-25	32	20	35	12.5	6
	LJ-35	36	25	43	14.0	6
	LJ-50	40	25	45	16.5	8
	LJ-70	44	28	50	19.5	8
	LJ-95	48	32	56	23.0	10
	LJ-120	52	33	59	26.0	10
	LJ-150	56	34	62	30.0	10
	LJ-185	60	35	65	33.5	10

续表

导线型号		钳压部位尺寸			压口尺寸 D/mm	压口数
		a_1/mm	a_2/mm	a_3/mm		
铜绞线	TJ-16	28	14	28	10.5	6
	TJ-25	32	16	32	12.0	6
	TJ-35	36	18	36	14.5	6
	TJ-50	40	20	40	17.5	8
	TJ-70	44	22	44	20.5	8
	TJ-95	48	24	48	24.0	10
	TJ-120	52	26	52	27.5	10
	TJ-150	56	28	56	31.5	10

（三）注意事项

(1)不同金属、不同规格、不同绞制方向的导线严禁在档距内连接。

(2)10 kV 及以下架空电力线路在同一档距内，同一根导线上的接头不应超过 1 个。导线接头位置与导线固定处的距离应大于 0.5 m，当有防震装置时，应在防震装置以外。

(3)架空电力线路在一个档距内，同一根导线或避雷线上不应超过 1 个直线接续管及 3 个补修管。补修管之间、补修管与直线接续管之间及直线接续管（或补修管）与耐张线夹之间的距离不应小于 15 m。

二、实践咨询

（一）10 kV 架空线路导线修补准备工作

1. 接受检修任务

检修班组根据线路电压等级向主管部门办理批准工作手续，并接受检修任务。主管部门应以书面形式批准工作，同时进行现场勘察并记录现场勘察内容，根据现场勘察结果编制组织措施、技术措施和安全措施。

2. 危险点分析及控制措施制定

在进行 10 kV 架空线路导线修补时要注意的危险点及控制措施见表 4-12。

表 4-12　10 kV 架空线路导线修补安全注意事项

危险点	控制措施
高空坠落	(1)上杆塔作业前，应先检查安全带、脚钉、爬梯、防坠装置等是否完整牢靠，严禁利用绳索下滑； (2)在电杆上或高台上作业时，不会失去安全带的保护。

续表

危险点	控制措施
触电或感应触电	(1)在带电导线附近所用工器具、材料应用绝缘无极绳索传递; (2)登塔作业人员、绳索、工器具及材料与带电体保持相应的安全距离; (3)设专人监护,监护人不得从事其他工作; (4)严格执行停电、验电、装设接地线、使用个人保安线制度。
物体打击	(1)现场工作人员必须正确佩戴好安全帽; (2)杆上有人作业时,正下方不得站人,专职监护员站在侧方对作业人员进行监护,以防砸伤。

3.仪器、工器具准备

准备的仪器、工器具包括:合格符合使用要求的验电器、脚扣、安全带,人身后备保护绳、传递绳、活动扳手、压接管、修补管及其辅材、扎线、铝包带、铁丝、凡士林油、工具包。

(二)操作步骤

1.停电、验电、挂接地线

(1)停电。到达工作现场后,工作负责人核对线路名称、杆号、变压器台区名称,确认无误后,通知现场工作许可人停电并布置现场安全措施。

(2)验电、挂接地线。停电后,作业人员携带验电器登杆,在安全距离以外先进行验电,确认无电压后再逐相挂接地线,任务完成后报告工作负责人,请求下杆。

2.10 kV 架空线路导线修补

(1)登杆前检查(三确认):

①作业人员核对线路名称及杆号、台区名称,确认无误后方可登杆。

②作业人员观测估算电杆埋深及裂纹情况,确认稳固后方可登杆。

③作业人员检查(冲击试验)登高工具是否安全可靠,确认无误后方可登杆。

(2)修补导线:

①若导线损伤处远离耐张电杆,此时可将损伤处相邻的若干基直线杆上导线绑扎先解开,用传递绳将导线送至地面,地面人员检查导线损伤情况。若属于允许补修情形,则应按规范要求进行补修,修补完成并检查合格后,将导线送至杆上并绑扎牢固。

②若导线损伤处就在近耐张电杆时,可将耐张杆上导线直接松开送至地面,如有必要可解开相邻直线杆上导线绑扎。地面工作人员对导线损伤情况进行检查,若属于允许补修情形,则应按规范要求进行补修,修补完成并检查合格后,将导线送至杆上并绑扎牢固。

(3)压接导线:

①当导线不符合修补条件时,则必须采用截断重新压接的方式对导线进行修复。将导线损伤处附近的直线杆绑扎松开,并在最近耐张杆出将导线松开送至地面。

②地面作业人员将导线截断,剪去损伤部分,对线头部分进行处理后穿入压接管中,完成导线压接工作。

③导线送至杆上,杆上作业人员将导线与耐张线夹重新连接并紧线,紧线时应注意该相导线弧垂应与其他两相一致,恢复其他直线杆上导线并绑扎牢固。

3. 工作终结

①小组成员做好收尾工作,整理现场工器具,工器具、仪器仪表入库。

②工作完成后,组长召开小组会议,对每个人在本次任务中的表现进行点评,给每一个位小组成员评出合理的分数。

③以组为单位将作业指导书、小组工作总结及小组成员成绩单交给指导老师。

【任务实施】

(一)工作准备

(1)课前预习相关知识部分,熟悉《国家电网公司电力安全规程》对于露天高处作业的安全规定,熟悉 10 kV 架空导线修补标准,经班组认真讨论后 10 kV ××线路导线修补的作业指导书(作业卡)。

(2)填写任务工单的咨询、决策、计划部分。

(二)操作步骤

①接受工作任务。

②准备检修用的工器具。

③各小组站队"三交"。

④危险点分析与控制(填写风险辨识卡)。

⑤检修用的工器具检查。

⑥分组对 10 kV ××线进行导线修补,记录工作过程,填写工作记录表(表4-13)。

⑦导线修补工作任务完成,工器具、仪器仪表入库,汇报班长,资料归档。

表4-13 10 kV 架空线路导线修补工作过程记录表

一、基本信息					
线路名称		工作单位		工作地点	
工作日期		工作天气		温度/℃	
二、10 kV 线路现场停电,挂接地线示意图					

续表

三、工器具准备及检测
四、现场实际工作记录
五、工作小结

任务工单

任务描述:配电线路运行班接到工作任务通知,对 10 kV××线架空导线进行修补工作。

1.咨询(课外完成)

(1)导线损坏,会对电力系统造成怎样的危害?

(2)常见的导线修补方式有哪些,各对应哪些具体情形?

2. 决策(课外完成)

(1)岗位划分：

班　组	岗　位	
	工作负责人	工作班成员

(2)编制 10 kV××线架空导线进行修补作业指导书(作业卡)。

①所需工器具及材料准备。

②危险点分析与控制措施。

③工作内容及验收。

④工作过程记录表。

3. 现场操作

由学生现场操作。

4. 检查及评价

考评项目		自我评估	组长评估	教师评估	备　注
素质考评 20%	劳动纪律 5%				
	积极主动 5%				
	协作精神 5%				
	贡献大小 5%				
工单考评 20%					
操作考评 60%					
综合评价 100 分					

项目 5　配电线路带电作业

【项目描述】

引导学生熟悉配电线路带电作业的岗位要求,理解配电线路带电作业工作的重要性,学会使用带电作业工器具以及带电安装横担、带电断跌落式熔断器上引线操作技能,清楚作业危险点,按标准化作业要求完成工作操作任务。

【项目目标】

(1)能熟练使用带电作业工器具,带电安装横担。
(2)能熟练使用带电作业工器具,正确带电断跌落式熔断器上引线。

【教学环境】

线路实训场、多媒体教室、教学视频。

任务 5.1　带电安装分支横担

【教学目标】

1.知识目标
(1)熟悉带电作业工器具的使用。
(2)掌握绝缘操作杆进行带电安装分支横担的操作方法。

（3）熟悉 10 kV 配电线路对更换变台跌落式熔断器的安全要求。

2．能力目标

（1）能根据现场需要，编制带电安装分支横担的作业指导书（作业卡）。

（2）根据线路带电安装分支横担的工作任务准备工器具等。

（3）会使用绝缘操作杆进行带电安装分支横担的操作。

3．素质目标

（1）能主动学习，在完成任务过程中发现问题、分析问题和解决问题。

（2）能与小组成员协商、交流配合完成本次学习任务，养成分工合作的团队意识。

（3）严格遵守安全规范，爱岗敬业、勤奋工作。

【任务描述】

任务名称：10 kV 带电安装分支横担。

任务内容：××线路运行班接到工作任务通知，对××10 kV 配电线路进行带电安装分支横担的操作。

（1）班级学生自由组合，形成几个由 6～7 人组成的线路带电班，各线路带电班自行选出班长和副班长。

（2）班长召集组员利用课外时间收集有关××10 kV 配电线路运行情况及 10 kV 带电安装分支横担的历史数据，编制 10 kV 配电线路带电安装分支横担作业指导书，填写任务工单相关内容。

（3）讨论制订实施计划。

（4）各线路带电班组按照实施计划进行 10 kV 带电安装分支横担工作。

（5）各线路带电班组针对实施过程中存在的问题进行讨论、修改，填写小组作业卡、工序质量卡和完善任务工单。

【相关知识】

动画 5.1　配电不
停电作业绝缘用具

一、理论咨询

（一）确保带电作业人员安全的条件

在带电作业中，当外界电场达到一定强度时，人体裸露的皮肤上就有"微风吹拂"的感觉发生，此时测量到的体表场强为 2.4 kV/cm，相当于人体体表有 0.08 μA/cm² 的电流流入肌体。风吹感的原因,是电场中导体的尖端,因强场引起气体游离和移动的现象。在等电位作业电工的颜面常会有一种沾上蜘蛛网样的感觉,这是强电场引起电荷在汗毛上集聚,使之竖起牵动皮肤形成的一种感觉。有的等电位电工把手中的扳手伸向远处,耳边会听到"嗡嗡"声,扳手晃动越快,声音就越明显。在高压输电线路的强电场下,穿塑料凉鞋在草地上行走,裸露的脚面碰到地上的草时有时会有很强的针刺感。如果打金属伞架的雨伞在强电场下走动,握着绝缘把手的手如果与金属杆形成一个小间隙,就会看到大火花放电并对肌体产生电击感。人体皮肤对表面局部场强的"电场感知水平"为 2.4 kV/cm,据试验研究,人站在地面时头顶部的局部最高场强为周围场强的 13.5 倍。一个中等身材的人站在地面场强为 10 kV/m 的均匀电场中,头顶最高处体表场强为 135 kV/m,小于人体皮肤的"电场感知水平"。所以,国际大电网会议认为高压输电线路下地面场强为 10 kV/m 时是安全的。苏联规定在地面场强为 5 kV/m 以下时,工作时间不受限制,超过 20 kV/m 的地方,则需采取防护措施。我国《带电作业用屏蔽服及试验方法》标准中规定,人体面部裸露处的局部场强允许值为 2.4 kV/cm。

带电作业是指在带电的情况下,对带电设备进行测试、维护和更换部件的作业。要做到带电作业时不仅保证人身没有触电受伤的危险,而且也能保证作业人员没有任何不舒服的感觉,就必须满足下面三条要求:

①流经人体的电流不超过人体的感知水平 1 mA(1 000 μA)。

②人体体表局部场强不超过人体的感知水平 2.4 kV/cm。

③与带电体保持规定的安全距离。人体周围的起隔离作用的各种介质有充分的绝缘强度,在可能的过电压下不发生闪络与击穿。

(二)配电线路带电作业方式

1. 按人与带电体的相对位置来划分

带电作业方式根据作业人员与带电体的位置分为间接作业与直接作业两种方式。间接作业是指作业人员不直接接触带电体,保持一定的安全距离,利用绝缘工器具操作带电部件的作业。直接作业是指作业人员直接接触带电体进行的作业。在配电线路中,直接作业是指作业人员穿戴绝缘防护用具直接对带电体进行作业,作业时,人体与带电

微课 5.2 检查绝缘工器具

体不是同一电位的,虽然无间隙距离,但人体是通过绝缘工器具与带电体隔离开来的。

2. 按作业人员的人体电位来划分

按作业人员的自身电位来划分,可分为地电位作业、中间电位作业、等电位作业三种方式。

地电位作业时人体与带电体的关系是:大地(杆塔)人→绝缘工具→带电体。

中间电位作业时人体与带电体的关系是:大地(杆塔)→绝缘体→人体→绝缘工具→带电体。

等电位作业时人体与带电体的关系是:带电体(人体)→绝缘体→大地(杆塔)。

三种作业方式的区别及特点如图 5-1 所示。

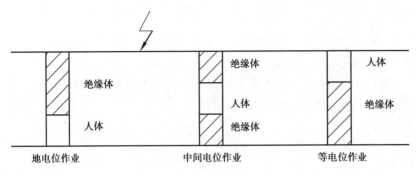

图 5-1　三种作业方法示意图

3. 按所使用的作业工器具分类

按所使用的作业工器具分类,配电带电作业可分为绝缘杆作业法、绝缘手套作业法。

(三)绝缘杆作业法临近带电作业——安装分支横担

绝缘杆作业法是指作业人员与带电体保持安全距离,戴绝缘手套和穿绝缘靴,通过绝缘工器具进行作业的方式。在作业范围窄小或线路多回架设,作业人员身体各部位有可能触及不同电位的电气设备时,作业人员应穿戴绝缘防护用具,对带电体应进行绝缘遮蔽。绝缘杆作业法既可在登杆作业中采用,又可在斗臂车的工作斗或其他绝缘平台上采用,也称间接作业法。

采用绝缘杆作业法作业时,作业人员通常使用脚扣登杆至适当位置,系上安全带,保持与带电体电压相适应的安全距离,用端部装配有不同工器具附件的绝缘操作杆进行作业。作业中,杆上作业人员与带电体的关系是:大地(杆塔)→作业人员→绝缘杆→带电体。这时通过人体的电流有两个回路:带电体→绝缘杆→人体→大地,构成泄漏电流回路,其中绝缘杆为主绝缘,绝缘手套为辅助绝缘;带电体→空气→人体→大地,构成电容电流回路,其中空气和绝缘杆为主绝缘。

1. 工作任务概况

该作业应用于"业扩工程",需要增加用户的落火点时,将直线杆改为分支杆,在主回路的横担下方安装分支横担(图 5-2、图 5-3)。分支横担一般安装在主回路横担下方 0.8 m 的位置处,在工作人员安装分支横担时,由于站位和活动范围的因素,达不到 0.7 m 的要求,此时要求使用带电作业工作票,并且在作业过程中使用绝缘隔离措施。

动画 5.3　带电作业　　微课 5.4　绝缘防护　　微课 5.5　绝缘防护用
前准备工作　　　　用具的分类及存放　　具的运输及使用

2. 绝缘防护

绝缘挡板共 2 块,每块有 2 根操作手柄、1 根绝缘围杆绳、1 个挂钩。挂钩绝缘部分长 40 cm,安装后挡板上表面与上部带电体之间形成大于 40 cm 的空气间隙。单块挡板的尺寸为 600 mm×1 300 mm,安装后可在作业区域和上部带电体间形成 1 200 mm×1 300 mm 的遮蔽范围,限制杆上作业人员的活动范围。

二、实践咨询

(一)作业前工器具及材料准备

(1)个人安全防护用具。绝缘安全帽 2 顶;绝缘手套(带防护手套)2 副;安全带 2 根。

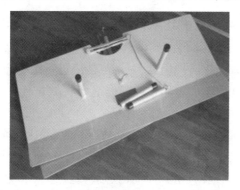
图 5-2　间接作业法安装分支横担用绝缘挡板

图 5-3　安装分支横担

(2)常备器具。防潮垫 1 块;2 500 V 绝缘电阻测试 1 台;风速仪 1 只;温、湿度计 1 只;安全遮栏、安全围绳、标示牌若干副;干燥清洁布若干。

(3)绝缘遮蔽工具。绝缘隔离挡板 2 块。

(4)绝缘工具。绝缘测距杆 1 根;15 m 绝缘吊绳 1 根。

(5)常规的线路施工所需工器具。白棕绳 1 根;个人工具 2 套;脚扣 2 副。

(6)装置性材料和消耗性材料。横担 1 副;拉环 2 副;螺栓若干。

(二)安装分支横担关键步骤及危险点控制

操作要点:手持操作手柄,将挡板挂钩挂设在上横担的穿心螺杆上,并使两块挡板卡合在一起后,用绝缘围杆绳将挡板捆绑在一起,防止散开。为避免操作手柄妨碍工作人员在下方安装分支横担,可以将其临时卸下。

关键注意事项:挂设绝缘挡板时应注意防止高空落物,作业中应防止人体剧烈碰撞挡板使其脱落,禁止人体和工具、材料等超越挡板。具体见表 5-1。

表 5-1　作业过程操作步骤及危险点预控

√	序号	作业内容	步骤及要求	危险点控制措施、注意事项
	1	杆上 1、2 号作业人员登杆	杆上 1、2 号作业人员携带绝缘吊绳及工具袋登杆至合适位置	（1）对安全带、脚扣进行冲击试验合格后，并应在距离地面不高于 0.5 m 的高度开始登杆； （2）杆上作业人员应交错登杆； （3）杆上作业人员应注意保持与带电体间有足够的作业安全距离。
	2	确定横担安装位置	杆上 1 号作业人员用绝缘测距杆测量，在距上层横担 0.8 m 处做一印迹	（1）测量距离前戴好绝缘手套； （2）测距时，绝缘测距杆的有效绝缘距离应大于 0.7 m。
	3	设置绝缘遮蔽措施	杆上 1 号作业人员在杆上 2 号作业人员和地面作业人员的配合下，将绝缘隔离挡板安装在电杆适当位置	（1）杆上作业人员应注意保持与带电体间有足够的安全距离(大于 0.4 m)； （2）安装绝缘隔离挡板应戴好绝缘手套； （3）上下传递绝缘工器具应使用绝缘吊绳； （4）绝缘吊绳的尾绳应距地面有 50 cm 及以上的距离，防止脏污、受潮； （5）绝缘遮蔽应严实、牢固； （6）防止高空落物。
	4	安装支接横担	杆上作业人员互相配合，在地面作业人员协助下安装分支横担	（1）上下传递横担等金具应使用白棕绳； （2）杆上作业人员应注意站位高度，禁止超越绝缘遮蔽挡板和防止绝缘帽顶触绝缘遮蔽挡板； （3）注意动作幅度，防止电杆大幅度晃动； （4）防止高空落物
			杆上作业作业人员检查施工质量、工艺	

续表

√	序号	作业内容	步骤及要求	危险点控制措施、注意事项
	5	撤除绝缘遮蔽措施	杆上1号作业人员在杆上2号作业人员和地面作业人员的配合下,撤除绝缘隔离挡板	(1)杆上作业人员应注意保持与带电体间有足够的安全距离(大于0.4 m); (2)撤除绝缘隔离挡板应戴好绝缘手套; (3)上下传递绝缘工器具应使用绝缘吊绳; (4)绝缘吊绳的尾绳应距地面有50 cm及以上的距离,防止脏污、受潮; (5)防止高空落物。
			杆上作业人员确认杆上无遗留物,逐次下杆	防止高空跌落

【任务实施】

(一)工作准备

(1)课前预习相关知识部分,熟悉10 kV带电安装分支横担的要求,经班组认真讨论后制定10 kV架空配电线路10 kV带电安装分支横担作业指导书(作业卡)。

(2)填写任务工单的咨询、决策、计划部分。

(二)操作步骤

(1)接受工作任务,填写工单。

(2)准备作业用的工器具。

(3)各小组站队"三交"。

(4)危险点分析与控制(填写风险辨识卡)。

(5)使用工器具检查。

(6)分组对××10 kV架空配电线路进行带电安装分支横担操作,记录操作全过程,点评操作要点和操作中存在的问题。

(7)10 kV带电安装分支横担工作任务完成,工器具、仪器仪表入库,汇报班长,资料归档。

任务工单

任务描述：××线路检修班接到工作任务通知，对××10 kV架空配电线路进行带电安装分支横担。

1. 咨询(课外完成)

(1)带电作业前绝缘工器具的检测？

(2)实际工作中，有哪些危险点，如何做好安措？

2. 决策(课外完成)

(1)岗位划分：

班 组	岗 位			
	工作负责人	杆上电工	地面工作人员	专责监护人

(2)编制××10 kV架空配电线路带电安装分支横担作业指导书(作业卡)。

①所需工器具及材料准备。

②危险点分析与控制措施。

③10 kV带电安装分支横担操作工艺及标准。

3. 现场操作

由学生现场操作。

4. 检查及评价

考评项目		自我评估	组长评估	教师评估	备　注
素质考评 20%	劳动纪律5%				
	积极主动5%				
	协作精神5%				
	贡献大小5%				
工单考评20%					
操作考评60%					
综合评价100分					

任务5.2　带电断跌落式熔断器上引线

【教学目标】

1. 知识目标

(1)熟悉带电作业工器具的使用。

(2)掌握用绝缘操作杆进行带电断、接引线的操作方法。

(3)熟悉10 kV配电线路带电断跌落式熔断器上引线的安全要求。

2. 能力目标

(1)能根据现场需要,编制10 kV架空配电线路带电断跌落式熔断器上引线的作业指导书(作业卡)。

(2)根据线路带电断跌落式熔断器上引线的工作任务准备工器具等。

(3)会使用绝缘操作杆进行带电断跌落式熔断器上引线的操作。

3. 素质目标

(1)能主动学习,在完成任务过程中发现问题、分析问题和解决问题。

(2)能与小组成员协商、交流配合完成本次学习任务,养成分工合作的团队意识。

(3)严格遵守安全规范,爱岗敬业、勤奋工作。

【任务描述】

任务名称:10 kV 带电断跌落式熔断器上引线。

任务内容:××线路运行班接到工作任务通知,对××10 kV 配电线路进行带电断跌落式熔断器上引线的操作。

(1)班级学生自由组合,形成几个 6~7 人组成的线路带电班,各线路带电班自行选出班长和副班长。

(2)班长召集组员利用课外时间收集有关××10 kV 配电线路运行情况及 10 kV 带电断跌落式熔断器上引线的历史数据,编制 10 kV 配电线路带电断、接引线作业指导书,填写任务工单相关内容。

(3)讨论制订实施计划。

(4)各线路带电班组按照实施计划进行 10 kV 带电断跌落式熔断器上引线工作。

(5)各线路带电班组针对实施过程中存在的问题进行讨论、修改,填写小组作业卡、工序质量卡和完善任务工单。

【相关知识】

一、理论咨询

断、接引线是带电作业工作人员必须掌握的最基本的技能,在许多的带电作业工作中都得到应用,如更换开关、更换避雷器等。只有熟练掌握了该项技能,才能进一步开展其他的作业项目。由于间接作业中工作人员站位和工作便利性、安全性等因素,"绝缘杆作业法断接、接引"项目与"绝缘手套作业法断、接引"项目包含的内容有所不同,主要内容如下:断、接跌落式熔断器的架空分支引线和电缆分支引线;更换跌落式熔断器和隔离开关等设备的上桩头引线等。

1.绝缘杆作业法断引

根据支接引线搭接的方法和接续部位的状态,有不同的绝缘杆作业法断引方式,各有特点,见表5-2。

表 5-2　绝缘杆作业法断直线支接引线常用方法及其特点

序号	方　式		特　点
1	缠绕法	用三齿耙将引线和主导线连接的绑扎线拆开，并用剪线钳剪断。	速度慢。
2	并沟线夹法	用绝缘夹持工具夹住并沟线夹，使用螺母拆装杆拆卸并沟线夹，使引线脱离主导线。	作业时间较长，劳动强度相对较大，当线夹有锈蚀时较难拆卸。
3	临时线夹法	引线采用临时线夹搭接在主导线上，可以使用临时线夹操作杆拆卸临时线夹。	当线夹有锈蚀时较难拆卸，易引起导线较大幅度晃动。
4	绝缘断线杆法	用绝缘断线杆在搭接部位剪断引线。	简便易行、效率高，但会在线路上遗留下线夹和少量引线。

引线如采用安普线夹或绝缘穿刺线夹搭接，拆引线则必须用其他的专用工具，图 5-4 为采用并沟线夹螺母装拆杆拆卸并沟线夹的示意图。并沟线夹一般均侧向安装，使用并沟线夹搭接的引线需要专用操作杆——并沟线夹螺母装拆杆来拆除。

图 5-4　用并沟线夹螺母装拆杆拆引线

图 5-5　绝缘断线杆

常见的绝缘断线杆（图 5.5）长度为 1.8 ~ 2.4 m，具有较大功率的棘齿，可切断 338 mm² 的钢芯铝绞线。绝缘玻璃纤维钢的驱动手柄可以折叠，但较重，举起操作时较为吃力。

2.绝缘杆作业法接引

（1）作业方法。

绝缘杆作业法接直线支接引线根据现场对运行和各地区工艺要求的不同有多种方式，各有特点，见表 5-3。

动画 5.6　带电断跌落式熔断器上引线（绝缘杆法）

表 5-3　绝缘杆作业法接直线支接引线常用方法及其特点

序号	方　式		特　点
1	缠绕法	用绕线器使用绑扎线将引线和主导线绑扎在一起。	速度慢。
2	并沟线夹法	用并沟线夹拆装杆将并沟线夹安装在主导线上,锁杆锁住引线放入并沟线夹线槽,然后使用绝缘套筒扳手拧紧并沟线夹螺栓。	作业时间较长,劳动强度相对较大。
3	临时线夹法	临时线夹法采取临时线夹将引线挂接在主导线上。	简便易行、效率高,但一般只适用于负荷电流小的临时用户。
4	绝缘线刺穿线夹法	本方法适用于架空绝缘导线。用绝缘刺穿线夹装拆杆将绝缘线刺穿线夹安装在主导线和引线上,绝缘刺穿线夹一槽卡住绝缘导线,另一槽卡住绝缘引线,用绝缘套筒操作杆紧固。	简便易行、效率高,但会在线路上遗留下线夹和少量引线。绝缘导线的防水防腐效果较好。

注:前面 3 种方法适用于裸导线。当主导线是绝缘导线时,需要将引线搭接部位的绝缘皮削去,搭接完毕后应做好防水防腐处理。

乡村 10 kV 架空配电线路较多采用裸导线,使用并沟线夹法较多,图 5-6 至图 5-9 为使用并沟线夹法搭接分支引线的示意图。

图 5-6　并沟线夹法搭接引线示意

图 5-7　绝缘锁杆

图 5-8　绝缘套筒操作杆

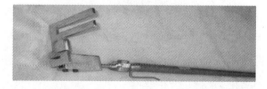

图 5-9　线夹传送杆

工作人员须熟练掌握各操作杆的使用,并在杆上配合默契,在工作中应保持足够的安全距离和操作杆有效绝缘长度。工作结束后,为了保证线路安全可靠运行,搭接部位不过热,引线的搭接须牢固,接触电阻应符合要求。保证接触电阻符合要求,一是保证接触压力,二是应在搭接前去除导线上的脏污和氧化物。

(2)作业过程中的注意事项:

①应避免分支线(或分支设备)倒送电引起触电。为避免这种情况,一是要在工作前确认跌落式熔断器已断开,熔管并已取下(还可避免引线在脱离主导线时有拉弧现象);二是确认分支线(或分支设备)侧已挂好接地线。

②将三相引线安装到跌落式熔断器上接线板时,应防止引线发生弹跳,并应注意三根引线的长度。

③展放三根引线时应注意引线的下垂方向和使用绝缘锁杆向上传送引线搭接过程中的安全距离,并应避免根部断股或松股。

④搭接引线前应进行试搭,试搭的顺序为"先两边相跌落式熔断器,再中间相",以避免中间相搭接完毕后,发现边相引线过短需要更换,在安全距离上不能满足要求。

⑤对于主回路三相导线垂直排列或三角排列的装置,搭接上层线路的引线前应对下层导线做好绝缘遮蔽隔离措施,以避免搭接过程中引线脱落造成相对地或相间短路事故。

⑥杆上作业人员在作业中,禁止临时除下绝缘手套等安全防护用具。

二、实践咨询

(一)作业前工器具及材料准备

(1)个人安全防护用具:绝缘安全帽2顶;绝缘手套(带防护手套)2副;安全带2根。

(2)常备器具:防潮垫1块;2 500 V绝缘电阻测试仪1台;风速仪1只;温、湿度计1只;安全遮栏、安全围绳、标示牌若干;干燥清洁布若干。

(3)绝缘遮蔽工具:导线遮蔽罩4块。

(4)绝缘工具:绝缘叉杆1副;绝缘导线锁杆1副;绝缘断线杆1把;绝缘吊绳若干。

(5)个人工具2套;棘轮扳手1把。

(二)带电断跌落式熔断器上引线操作步骤及危险点预控

(1)采用绝缘断线杆法,用绝缘断线杆在搭接部位剪断引线简便易行、效率高,但会在线路上遗留下线夹和少量引线(图5-10)。

图5-10　使用绝缘断线杆断引线

（2）作业注意事项：

①由于绝缘断线杆较为笨重且整体长度较短，以及中间的棘齿和传动部件为铝合金材料，使用中作业人员必须充分注意自己的站位方向、高度和绝缘断线杆的手持部位，以确保作业中的安全距离和绝缘断线杆的绝缘有效长度。

②绝缘断线杆上部操作头金属部件较多，且金属部件的长度也较长，在断线时应注意避免引线与装置地电位构件间的空气距离被其短接或安全距离不能满足的现象。

具体见表 5-4。

表 5-4　作业过程操作步骤及危险点预控

序号	作业内容	步骤及要求	危险点控制措施、注意事项
1	杆上 1、2 号作业人员登杆	杆上 1、2 号作业人员携带绝缘吊绳及工具袋登杆至合适位置。	（1）对安全带、脚扣进行冲击试验合格后，并应在距离地面不高于 0.5 m 的高度开始登杆； （2）杆上作业人员应交错登杆； （3）杆上作业人员应注意保持与带电体间有足够的作业安全距离。
2	断单只跌落式熔断器侧边相引线	杆上 1 号作业人员与杆上 2 号作业人员配合剪断（单只跌落式熔断器侧）边相跌落式熔断器上引线，残留尾线应尽量短。方法如下： 绝缘锁杆锁紧引线后用绝缘断线杆在搭接部位剪断引线，控制绝缘锁杆将引线往装置外部牵引，在跌落式熔断器上接线板处剪断。	（1）上下传递工器具应使用绝缘吊绳； （2）杆上 1 号作业人员断引线时，应戴绝缘手套；与带电体保持足够的距离（大于 0.4 m），绝缘杆的有效绝缘长度应大于 0.7 m； （3）注意引线向外牵引时与带电体间的距离应大于 30 cm； （4）防止高空落物。
3	断另边相引线	杆上 1 号作业人员与杆上 2 号作业人员配合剪断另边相跌落式熔断器上引线，残留尾线应尽量短。	（1）杆上 1 号作业人员在断引线时，应戴绝缘手套；与带电体保持足够的距离（大于 0.4 m），绝缘杆的有效绝缘长度应大于 0.7 m； （2）注意引线向外牵引时与带电体间的距离应大于 30 cm； （3）防止高空落物。
4	设置绝缘遮蔽	杆上 1 号作业人员使用绝缘叉杆将导线遮蔽罩设置在中间相引线两侧边相导线进行绝缘遮蔽。	（1）上下传递工器具应使用绝缘吊绳； （2）杆上 1 号作业人员设置绝缘遮蔽措施时应戴绝缘手套；与带电体保持足够的距离（大于 0.4 m），绝缘叉杆的有效绝缘长度应大于 0.7 m； （3）绝缘遮蔽应严实、牢固，导线遮蔽罩间重叠部分应大于 15 cm； （4）防止高空落物。

续表

序号	作业内容	步骤及要求	危险点控制措施、注意事项
5	断中相引线	杆上1号作业人员与杆上2号作业人员配合剪断中间相跌落式熔断器上引线,残留尾线应尽量短。	(1)杆上1号作业人员在断引线时,应戴绝缘手套;与带电体保持足够的距离(大于0.4 m),绝缘杆的有效绝缘长度应大于0.7 m; (2)注意引线向外牵引时与带电体间的距离应大于30 cm; (3)防止高空落物。
6	撤除绝缘遮蔽	杆上1号作业人员使用绝缘叉杆撤除导线遮蔽罩。	(1)上下传递工器具应使用绝缘吊绳; (2)杆上1号作业人员设置绝缘遮蔽措施时应戴绝缘手套;与带电体保持足够的距离(大于0.4 m),绝缘叉杆的有效绝缘长度应大于0.7 m; (3)防止高空落物。
		杆上作业人员确认杆上无遗留物,逐次下杆。	防止高空跌落

新设备应用:配网带电机器人作业

  鄂尔多斯市室外智能带电作业机器人可成功完成10千伏带电接跌落式熔断器上引线工作。带电作业机器人自主完成一系列动作指令,2个小时即可完成三相引线搭接任务,整体的绝缘性能保证了作业安全有效实施,将危险系数降到最低。

图5-11 配网带电机器人作业

作业开始前,机器人通过三维建模扫描作业点信息给出线路详细数据,人员通过控制终端智能选取作业位置进行抓线、剥线、双臂协同穿线等多种复杂动作指令,带电作业机器根据多传感器融合的定位系统,实现对导线的毫米级识别定位,采用双臂配合,基于深度学习算法,运用人工智能技术,像大脑一样主动规划作业路径,高效完成工作任务。与传统人工开展带电作业方式相比,自主配网带电作业机器人作业优势非常明显。全过程实现"一键操作",极大地缓解了作业人员劳动强度,提高了作业的安全性和工作效率。

【任务实施】

(一)工作准备

(1)课前预习相关知识部分,熟悉 10 kV 带电断、接引线的要求,经班组认真讨论后制定 10 kV 架空配电线路 10 kV 带电断跌落式熔断器上引线作业指导书(作业卡)。

(2)填写任务工单的咨询、决策、计划部分。

(二)操作步骤

(1)接受工作任务,填写工单。

(2)准备测量用的工器具。

(3)各小组站队"三交"。

(4)危险点分析与控制(填写风险辨识卡)。

(5)使用工器具检查。

(6)分组对××10 kV 架空配电线路进行带电断、接引线操作,记录操作全过程,点评操作要点和操作中存在的问题。

(7)10 kV 带电断、接引线工作任务完成,工器具、仪器仪表入库,汇报班长,资料归档。

任务工单

任务描述:××线路检修班接到工作任务通知,对××10 kV 架空配电线路进行带电断、接引线。

1.咨询(课外完成)

(1)带电作业前绝缘工器具的检测?

(2)实际工作中,有哪些危险点,如何做好安全措施?

2. 决策（课外完成）

（1）岗位划分：

班　　组	岗　　位			
	工作负责人	杆上电工	地面工作人员	专责监护人

（2）编制××10 kV 架空配电线路带电断、接引线作业指导书（作业卡）。

①所需工器具及材料准备。

②危险点分析与控制措施。

③10 kV 带电断、接引线操作工艺及标准。

3. 现场操作

由学生现场操作。

4. 检查及评价

考评项目		自我评估	组长评估	教师评估	备　　注
素质考评 20%	劳动纪律 5%				
	积极主动 5%				
	协作精神 5%				
	贡献大小 5%				
工单考评 20%					
操作考评 60%					
综合评价 100 分					

任务 5.3　带电直线杆改耐张杆加装隔离开关

【教学目标】

1. 知识目标

(1)熟悉带电作业工器具的使用。

(2)掌握用绝缘手套带电进行直线杆改耐张杆加装隔离开关的操作方法。

(3)熟悉 10 kV 配电线路带电进行直线杆改耐张杆加装隔离开关的安全要求。

2. 能力目标

(1)能根据现场需要,编制带电进行直线杆改耐张杆加装隔离开关的作业指导书(作业卡)。

(2)根据带电进行直线杆改耐张杆加装隔离开关的工作任务准备工器具等。

(3)会使用绝缘手套带电进行直线杆改耐张杆加装隔离开关的操作。

3. 素质目标

(1)能主动学习,在完成任务过程中发现问题、分析问题和解决问题。

(2)能与小组成员协商、交流配合完成本次学习任务,养成分工合作的团队意识。

(3)严格遵守安全规范,爱岗敬业、勤奋工作。

【任务描述】

任务名称:10 kV 带电绝缘手套法带电进行直线杆改耐张杆加装隔离开关。

任务内容:××线路运行班接到工作任务通知,对××10 kV 配电线路进行带电进行直线杆改耐张杆加装隔离开关的操作。

(1)班级学生自由组合,形成几个 6~7 人组成的线路带电班,各线路带电班自行选出班长和副班长。

(2)班长召集组员利用课外时间收集有关××10 kV 配电线路运行情况及 10 kV 带电进行直线改耐张加装隔离开关的历史数据,编制 10 kV 配电线路带电进行直线杆改耐张杆加装隔离开关指导书,填写任务工单相关内容。

(3)讨论制订实施计划。

(4)各线路带电班组按照实施计划进行 10 kV 带电进行直线杆改耐张杆加装隔离开关工作。

（5）各线路带电班组针对实施过程中存在的问题进行讨论、修改,填写小组作业卡、工序质量卡和完善任务工单。

【相关知识】

微课 5.7　海伦哲绝缘斗臂车操作

一、理论咨询

绝缘手套作业法是指作业人员借助绝缘斗臂车或其他绝缘设施与大地绝缘并直接接近带电体,穿戴绝缘防护用具,与周边物体保持绝缘隔离,通过绝缘手套对带电体进行检修和维护的作业方式。

采用绝缘手套作业法作业时,无论作业人员与接地体和邻相的空气间隙是否满足《电力安全工作规程》规定的安全距离,作业前均须对人体可能触及范围内的带电体和接地体进行绝缘遮蔽;在作业范围窄小、电气设备布置密集处,为保证作业人员对邻相带电体或接地体的有效隔离,在适当位置还应装设绝缘隔板或隔离罩等限制作业者的活动范围。绝缘手套作业法也称为直接作业法。

动画 5.8　斗臂车停放及检查

在绝缘手套作业法中,绝缘手套是不能作为主绝缘的,作业人员必须借助于绝缘斗臂车或其他绝缘设施和操作平台等作为主绝缘,绝缘防护用具和绝缘遮蔽用具只能作为辅助绝缘(图5-12)。

图 5-12　用绝缘手套-带电进行直线杆改耐张杆加装隔离开关

二、实践咨询

（一）作业前工器具及材料准备

（1）个人安全防护用具:绝缘安全帽 2 顶;绝缘手套(带防护手套)2 副;绝缘服(或绝缘

肩套)2 套;安全带 2 副;羊皮保护手套 1 套。

(2)常备器具:防潮垫 1 块;2 500 V 绝缘电阻测试仪 1 台;风速仪 1 只;温、湿度计 1 只;安全遮栏、安全围绳、标示牌若干;干燥清洁布若干。

(3)绝缘遮蔽工具:绝缘隔离挡板 2 块;导线遮蔽罩 4 根;绝缘毯 4 块;横担遮蔽罩 1 根;绝缘子遮蔽罩 1 个;毯布夹 4 支。

动画 5.9　带电接引线
（绝缘手套法）

(4)绝缘工具:绝缘测距杆 1 根;15 m 绝缘吊绳 1 根;绝缘紧线器 1 套;绝缘引流线 1 根;绝缘斗臂车。

(5)常规工器具:白棕绳 1 根;剥线刀 1 把;梅花扳手(或活动扳手)2 付;个人工具若干套;棘轮剪 1 把.

(6)装置性材料和消耗性材料:并沟线夹(或扎线);悬式绝缘子。

(二)带电直线杆改耐张杆加装隔离开关关键步骤及危险点控制

1. 操作要点

(1)剪断导线前要检查绝缘紧线器安装是否牢固并且在紧线器受力后才能剪断导线。

(2)断开的导线与两侧耐张绝缘子串要连接牢固。

(3)安装导线保护绳,做好防脱落措施。

2. 关键注意事项

严禁约时停用和恢复重合闸。在带电作业过程中如遇设备突然停电,作业人员应视设备仍然带电。操作斗臂车时,注意周围环境及操作速度,防止误碰其他物体和带电设备。具体见表 5-5。

表 5-5　作业过程操作步骤及危险点预控

序号	作业内容	步骤及要求	危险点控制措施、注意事项
1	许可开工	得到调度许可,方可开工作业。工作负责人(监护人)进行三核对。	
2	作业条件确认		
2.1	工器具检查	对工具应仔细检查其是否合格。	应无损坏、变形、失灵,并使用绝缘检测仪或 2 500 kV 绝缘兆欧表进行分段绝缘检测,合格或阻值应不低于 700 MΩ/段,绝缘服(或绝缘肩套)出入库前应使用 2 500 kV 绝缘兆欧表检测其电阻应无穷大。
2.2	气象条件确认	作业要在良好的天气条件下进行。	对现场的温度、湿度、风速进行检测,遇有湿度大于80%、雪、雨、雾、5 级以上大风等天气时不能进行作业。
2.3	设置围栏、警示标志	非工作人员不得入内	设置围栏将警示标志对外,在交通要道设置双向警示牌。

续表

序号	作业内容	步骤及要求	危险点控制措施、注意事
2.4	地面准备	（1）作业现场设置围栏、警示标志。 （2）斗臂车进行摆放,将车体接地,对绝缘斗臂进行检查。 （3）对工作所用绝缘防护用具、绝缘工器具及遮蔽用具进行检测。	（1）设人看守,防止闲杂人等进入和穿越围栏。 （2）斗臂车摆放在合适位置,支撑平稳,接地可靠。 （3）斗臂车操作系统各传动装置灵活,绝缘斗、臂清洁干燥。 （4）安全带做冲击检查合格;摇测绝缘工具时,持电极人员应戴绝缘手套。
3	进入绝缘斗,操作斗臂车到达作业位置	（1）高处作业人员穿戴好绝缘防护用具,进入绝缘斗。 （2）地面配合人员将所需工器具传递至绝缘斗内。 （3）得到监护人许可后操作斗臂车升空,到达作业位置。	（1）高处作业人员进入斗内应系好安全带。 （2）操作斗臂车时,注意周围环境及操作速度,防止误碰其他物体和带电设备。
4	验电	斗内作业人员持验电器分别对带电体、绝缘子瓷体、接地体进行验电,确无漏电现象。	（1）验电时应戴好绝缘手套。 （2）手持验电器保持 0.7 m 有效绝缘长度。 （3）人员与带电体保持 0.4 m 以上安全距离。
5	设置绝缘遮蔽措施	斗内作业人员按照由近至远,从低到高、从大到小的原则对带电体及临近的接地体进行绝缘遮蔽,遮蔽牢靠严实。	（1）直接作业时斗内人员对邻相保持 0.6 m,对接地体保持 0.4 m 以上安全距离。 （2）遮蔽用具包裹应严实,各处搭接不少于 15 cm,使用绝缘毯夹夹稳牢靠。
6	安装耐张横担	在直线横担下合适位置安装耐张横担。	（1）耐张横担安装牢固可靠。 （2）地面人员不得站在作业点正下方。
7	组装隔离开关（柱上开关）及耐张绝缘子串	杆上作业人员在耐张横担上组装好隔离开关及耐张绝缘子串、线夹。	（1）上下传递物品要系牢。 （2）隔离开关及耐张绝缘子串组装要牢固。
8	对耐张横担进行绝缘遮蔽	对耐张横担及接地体进行绝缘遮蔽。	（1）绝缘遮蔽罩连接部分必须重叠。 （2）斗内作业人员必须戴绝缘手套,并注意与导线的距离。

续表

序号	作业内容	步骤及要求	危险点控制措施、注意事
9	拆除直线横担	（1）拆除两边相瓷瓶上的绑扎线，将导线绝缘遮蔽后放的耐张横担上并固定好。 （2）拆除中相瓷瓶上的绑扎线，将导线绝缘遮蔽后，使用绝缘吊臂将中相导线吊起。 （3）拆除直线横担，绝缘吊臂放下中相导线到耐张横担上并固定好。	（1）拆除瓷瓶上的绑扎线时，绑扎线的长度不得大于100 mm。 （2）绝缘吊臂吊导线要牢固可靠。
10	将隔离开关两端引线逐相与横担两侧导线连接	斗内作业人员依次将三相隔离开关两端引线与横担两侧导线连接。	隔离开关连接前应处于断开位置，连接完毕后合上隔离开关。
11	组装绝缘紧线器及导线保护绳	先拆除外边相导线上的绝缘，安装好外边线两侧的绝缘紧线器及导线保险绳，并收紧导线，注意控制好导线的弧垂。	（1）上下传递物品要系牢。 （2）地面人员不得站在作业点正下方。 （3）绝缘紧线器及导线保险绳安装牢固可靠。
12	开断导线加装耐张线夹	（1）杆上作业人员利用绝缘剪在边相导线适当的位置将其剪断，并将断开的导线与两侧耐张绝缘子串通过线夹连接牢固。 （2）连接后恢复其绝缘遮蔽。	（1）剪断导线前要检查绝缘紧线器安装是否牢固并且在紧线器受力后才能剪断导线。 （2）断开的导线与两侧耐张绝缘子串要连接牢固。 （3）安装导线保护绳，做好防脱落措施。
13	拆除绝缘紧线器	分别拆除外边相导线两侧的绝缘紧线器，同时将外边相导线做好绝缘遮蔽	防止落物伤人。
14	对其他两相导线进行直线改耐张。	方法同上	对其他两相导线进行直线改耐张
15	拆除绝缘遮蔽措施	斗内作业人员按照由远至近，从高到低、从小到大的原则进行拆除绝缘遮蔽用具。	直接作业时斗内人员对邻相保持0.6 m，对接地体保持0.4 m以上安全距离。
16	返回地面	斗内作业人员检查确认杆塔、导线上无遗留物，满足运行要求，得到负责人许可后操作斗臂返回地面。	操作斗臂时，注意周围环境及操作速度，防止误碰其他物体和带电设备。
17	清理现场	工作负责人组织地面配合人员将所有工器具清点并装车，清理现场无任何遗留物后，带领工作班人员撤离现场。	

【任务实施】

（一）工作准备

（1）课前预习相关知识部分，熟悉作业要求，经班组认真讨论后制定 10 kV 架空配电线路 10 kV 带电直线杆改耐张杆加装隔离开关作业指导书（作业卡）。

（2）填写任务工单的咨询、决策、计划部分。

（二）操作步骤

（1）接受工作任务，填写派工单。

（2）准备测量用的工器具。

（3）各小组站队"三交"。

（4）危险点分析与控制（填写风险辨识卡）。

（5）使用工器具检查。

（6）分组对××10 kV 架空配电线路带电直线杆改耐张杆加装隔离开关操作，记录操作全过程，点评操作要点和操作中存在的问题。

（7）10 kV 带电直线杆改耐张杆加装隔离开关工作任务完成，工器具、仪器仪表入库，汇报班长，资料归档。

任务工单

任务描述：××线路检修班接到工作任务通知，对××10 kV 架空配电线路进行带电直线杆改耐张杆加装隔离开关。

1. 咨询（课外完成）

(1)什么是绝缘手套作业法？有什么特点？

(2)实际工作中，有哪些危险点，如何做好安措？

2. 决策（课外完成）

(1)岗位划分：

班 组	岗 位			
	工作负责人	杆上电工	地面工作人员	专责监护人

(2)编制××10 kV 架空配电线路带电直线杆改耐张杆加装隔离开关作业指导书(作业卡)。

①所需工器具及材料准备。

②危险点分析与控制措施。

③10 kV 带电直线杆改耐张杆加装隔离开关操作工艺及标准。

3. 现场操作

由学生现场操作。

4. 检查及评价

考评项目		自我评估	组长评估	教师评估	备　注
素质考评 20%	劳动纪律 5%				
	积极主动 5%				
	协作精神 5%				
	贡献大小 5%				
工单考评 20%					
操作考评 60%					
综合评价 100 分					

附　录

附录 A

（资料性附录）

3 m 以下常规消缺项目

3 m 以下常规消缺项目见表 A.1。

表 A.1　3 m 以下常规消缺项目

设备名称		3 m 以下常规消缺项目
架空线路	通道	补全、修复通道沿线缺失或损坏的标识标示
		清除通道内易燃、易爆物品和腐蚀性液（气）体等堆积物
		清除可能被风刮起危及线路安全的物体
		清除威胁线路安全的蔓藤、树（竹）等异物
	杆塔	补全、修复缺失或损坏的杆号（牌）、相位牌、3 m 线等杆塔标识和警告、防撞等安全标示
		修复符合 D 类检修的铁塔、钢管杆、混凝土杆接头锈蚀
		补装、紧固塔材螺栓、非承力缺失部件
		清除杆塔本体异物
	拉线	补全、修复缺失或损坏拉线警示标示
		修复拉线棒、下端拉线及金具锈蚀
		修复拉线下端缺失金具及螺栓，调整拉线松紧
柱上设备		保养操作机构，修复机构锈蚀
		清除设备本体或操作机构上的蔓藤、树（竹）等异物
		补全、修复缺失或损坏的标识标示
开关柜、配电柜		清除柜体污秽，修复锈蚀、油漆剥落的柜体
		补全、修复缺失或损坏的标识标示和一次图板

续表

设备名称		3 m以下常规消缺项目
配电变压器		补全、修复缺失或损坏的标识标示
接地装置		修复连接松动、接地不良、锈蚀等情况的接地引下线
		修复缺失或埋深不足的接地体
站房类建(构)筑物		清理站所内外杂物
		修复破损的遮(护)栏、门窗、防护网、防小动物挡板等
站房类建(构)筑物		修复锈蚀、油漆剥落的箱体及站所外体
		补全、修复缺失或破损的一次接线图
		更换不合格的消防器具、常用工器具
		照明、通风、排水、除湿等装置的日常维护
配电自动化设备	配电自动化终端	补全缺失的内部线缆连接图等
		清除外壳污秽
	直流电源设备	紧固松动的插头、压板、端子排等
		清除直流电源设备箱体污秽,修复锈蚀、油漆剥落的壳体
		紧固松动的蓄电池连接部位

附录 B

（规范性附录）
现场污秽度分级

现场污秽度分级见表 B.1。

表 B.1 现场污秽度分级

现场污秽度	典型环境描述
非常轻 (a[②])	很少人类活动，植被覆盖好，且：距海、沙漠或开阔地大于 50 km[①]；距大中城市大于 30 km ~ 50 km；距上述污染源更短距离内，但污染源不在积污期主导风上。
轻 (b)	人口密度 500 人/km² ~ 1 000 人/km² 的农业耕作区，且：距海、沙漠或开阔地大于 10 km ~ 50 km；距大中城市 15 km ~ 50 km；重要交通干线沿线 1 km 内；距上述污染源更短距离内，但污染源不在积污期主导风上；工业废气排放强度小于每年 1 000 万 m³/km²（标况下）；积污期干旱少雾少凝露的内陆盐碱（含盐量小于 0.3%）地区
中等 (c)	人口密度 1 000 人/km² ~ 10 000 人/km² 的农业耕作区，且：距海、沙漠或开阔地大于 3 km ~ 10 km[③]；距大中城市 15 km ~ 20 km；重要交通干线沿线 0.5 km 及一般交通线 0.1 km 内；距上述污染源更短距离内，但污染源不在积污期主导风上；包括乡镇工业在内工业废气排放强度不大于每年 1 000 万 m³/km² ~ 3 000 万 m³/km²（标况下）。退海轻盐碱和内陆中等盐碱（含盐量为 0.3% ~ 0.6%）地区。距上述 E3 污染源更远（距离在 b 级污区的范围内），但：长时间（几个星期或几个月）干旱无雨后，常常发生雾或毛毛雨；积污期后期可能出现持续大雾或融冰雪地区；灰密为等值盐密 5 ~ 10 倍及以上的地区。
重 (d)	人口密度大于 10 000 人/km² 的居民区和交通枢纽，且：距海、沙漠或开阔干地 3 km 内；距独立化工及燃煤工业源 0.5 km ~ 2 km 内；重盐碱（含盐量 0.6% ~ 1.0%）地区。距比 E5 上述污染源更长的距离（与 c 级污区对应的距离），但：在长时间干旱无雨后，常常发生雾或毛毛雨；积污期后期可能出现持续大雾或融冰雪地区；灰密为等值盐密 5 ~ 10 倍以上的地区。
非常重 (e)	沿海 1 km 和含盐量大于 1.0% 的盐土、沙漠地区，在化工、燃煤工业源内及距此类独立工业园 0.5 km，距污染源的距离等同于 d 级污区，且：直接受到海水喷溅或浓盐雾；同时受到工业排放物如高电导废气、水泥等污染和水汽湿润。
注：①台风影响可能使距海岸 50 km 以外的更远距离处测得较高的等值盐密值。 ②在当前大气环境条件下，我国中东部地区电网不宜设"非常轻"污秽区。 ③取决于沿海的地形和风力。		

附录 C

（规范性附录）

线路间及与其他物体之间的距离

架空配电线路与铁路、道路、通航河流、管道、索道及各种架空线路交叉或接近的基本要求见表 C.1；架空线路导线间的最小允许距离 C.2；架空线路与其他设施的安全距离 C.3；架空线路其他限制 C.4；公路等级 C.5；弱电线路等级 C.6。

表 C.1

单位为 m

项目	铁路			公路		电车道	河流		弱电线路		电力线路 kV						特殊管道	一般管道、索道	人行天桥
	标准轨距	窄轨	电气化线路	高速公路、一级公路	二、三、四级公路	有轨及无轨	通航	不通航	一、二级	三级	1 以下	1~10	35~110	154~220	330	500			
导线最小截面									铝线及铝合金线 50 mm²，铜线为 50 mm²		铜线为 16 mm²								
导线在跨越档内的接头	不应接头	/		不应接头	/	不应接头	不应接头	/	不应接头	/	交叉不应接头	/	/	/	/	/	不应接头	/	/
导线支持方式	双固定		单固定	双固定	单固定	双固定	双固定	单固定	双固定	单固定	双固定	单固定	/	/	/	/	双固定	双固定	电力线在下面
最小垂直距离 m（参照点）	至轨顶		接触线或承力索	至路面		至承力索或接触线（至路面）	至最高航行水位的最高船桅顶（至常年高水位）	冬季至冰面 夏季至最高洪水位	至被跨越线		至导线						电力线在下面	电力线在下面至电力线上的保护措施上	电力线在下面
1 kV~10 kV	7.5	6.0	平原地区配电线路入地	7.0	3.0/9.0	6.0	1.5	3.0	5.0	2.0	2	2	3	4	5	8.5	3.0	2.0/2.0	5(4)
1 kV 以下	7.5	6.0	平原地区配电线路入地	6.0	3.0/9.0	6.0	1.5	3.0	5.0	1.0	1	2	3	4	5	8.5	1.5/1.5	1.5/1.5	4(3)

续表

项　目	铁路			公路		电车道	河流		弱电线路		电力线路 kV						特殊管道	一般管道、索道	人行天桥
	标准轨距	窄轨	电气化线路	高速公路、一级公路	二、三、四级公路 城市公路	有轨及无轨	通航	不通航	一、二级	三级	1 以下	1～10	35～110	154～220	330	500			
项目/线路电压	电杆外缘至轨道中心			电杆中心至路面边缘		电杆中心路面边缘 / 电杆外缘至轨道中心	与拉纤小路平等的线路的线路边导线至斜坡上缘		在路径受限制地区，两线路边导线间		在路径受限制地区，两线路边线路导线间						在路径受限制地区，至管道、索道任何部分		导线边线至人行天桥边缘
最小水平距离 m　1 kV～10 kV	交叉:5.0 平行:0		平行杆高+3.0	0.5	0.5	0.5/3.0	最高杆塔高度		2.0		2.5	2.5	5.0	7.0	9.0	13.0	2.0	2.0	4.0
最小水平距离 m　1 kV 以下	平行杆高+3.0		平行杆高+3.0	0.5	0.5	0.5/3.0			1.0								1.5	1.5	2.0
备注				公路分级见表C.5,城市道路分级,参照公路的规定			最高洪水位时,有抗洪抢险船只航行的河流,垂直距离应协商决定		1.两平行线路在开阔地区的水平距离不应小于电杆高度; 2.弱电线路分级见表C.6								1.特殊管道指架设在地面上的输送易燃、易爆物的管道; 2.交叉点不应选择在管道检查井(孔)处,与管道平行、交叉时,管道、索道应接地		

注1:1 kV以下配电线路与二、三级弱电线路、与公路交叉时,导线支持方式不限制。
注2:架空配电线路与弱电线路交叉时,交叉档电线线路的木质电杆应有防雷措施。
注3:1 kV～10 kV电力接户线与工业企业自用的同电压等级的架空线路交叉时,接户线宜架设在上方。
注4:不能通航河流指不能通航也不能浮运的河流。
注5:对路径受限制地区的最小水平距离的要求,应计及架空电力线路导线的最大风偏。
注6:公路等级应符合JTJ001的规定。
注7:()内数值为绝缘导线线路。

表 C.2　架空线路导线间的最小允许距离　　　　　单位为 m

档　距	40 及以下	50	60	70	80	90	100
裸导线	0.6	0.65	0.7	0.75	0.85	0.9	1.0
绝缘导线	0.4	0.55	0.6	0.65	0.75	0.9	1.0

注:考虑登杆需要,接近电杆的两导线间水平距离不宜小于 0.5 m。

表 C.3　架空线路与其他设施的安全距离限制　　　　　单位为 m

项　目		10 kV		20 kV	
		最小垂直距离	最小水平距离	最小垂直距离	最小水平距离
对地距离	居民区	6.5	/	7.0	/
	非居民区	5.5	/	6.0	/
	交通困难区	4.5(3)	/	5.0	/
与建筑物		3.0(2.5)	1.5(0.75)	3.5	2.0
与行道树		1.5(0.8)	2.0(1.0)	2.0	2.5
与果树,经济作物,城市绿化,灌木		1.5(1.0)	/	2.0	/
甲类火险区		不允许	杆高 1.5 倍	不允许	杆高 1.5 倍

注 1:垂直(交叉)距离应为最大计算弧垂情况下;水平距离应为最大风偏情况下。

注 2:( )内为绝缘导线的最小距离。

表 C.4　架空线路其他安全距离限制　　　　　单位为 m

项　目	10 kV	20 kV
导线与电杆、构件、拉线的净距	0.2	0.35
每相的过引线、引下线与邻相的过引线、引下线、导线之间的净空距离	0.3	0.4

表 C.5　公路等级

高速公路为专供汽车分向、分车道行驶并全部控制出入的干线公路	四车道高速公路一般能适应按各种汽车折合成小客车的远景设计年限年平均昼夜交通量为 25 000 ~ 55 000 辆。 六车道高速公路一般能适应按各种汽车折合成小客车的远景设计年限年平均昼夜交通量为 45 000 ~ 80 000 辆。 八车道高速公路一般能适应按各种汽车折合成小客车的远景设计年限年平均昼夜交通量为 60 000 ~ 100 000 辆。
一级公路为供汽车分向、分车道行驶的公路	一般能适应按各种汽车折合成小客车的远景设计年限年平均昼夜交通量为 15 000 ~ 30 000 辆。为连接重要政治、经济中心,通往重点工矿区、港口、机场,专供汽车分道行驶并部分控制出入的公路。

续表

二级公路	一般能适应按各种车辆折合成中型载重汽车的远景设计年限年平均昼夜交通量为 3 000 ~ 15 000 辆,为连接重要政治、经济中心,通往重点工矿、港口、机场等的公路。
三级公路	一般能适应按各种车辆折合成中型载重汽车的远景设计年限年平均昼夜交通量为 1 000 ~ 4 000 辆,为沟通县以上城市的公路。
四级公路	一般能适应按各种车辆折合成中型载重汽车的远景设计年限年平均昼夜交通量为:双车道 1 500 辆以下;单车道 200 辆以下,为沟通县、乡(镇)、村等的公路。

表 C.6 弱电线路等级

一级线路	首都与各省(直辖市)、自治区所在地及其相互联系的主要线路;首都至各重要工矿城市、海港的线路以及由首都通达国外的国际线路;由邮电部门指定的其他国际线路和国防线路;铁道部与各铁路局之间联系用的线路,以及铁路信号自动闭塞装置专用线路。
二级线路	各省(直辖市)、自治区所在地(市)、县及其相互间的通信线路;相邻两省(自治区)各地(市)、县相互间的通信线路;一般市内电话线路;铁路局与各站、段相互间的线路,以及铁路信号闭塞装置的线路。
三级线路	县至区、乡的县内线路和两对以下的城郊线路;铁路的地区线路及有线广播线路。

参考文献

[1] 杨尧,胡宽.输配电线路运行与检修[M].北京:中国电力出版社,2014.

[2] 丁旭峰.配电线路运行与检修[M].北京:中国电力出版社,2010.

[3] 贵州电网公司.配电线路运行与检修[M].北京:中国电力出版社,2011.

[4] 电力行业职业智能鉴定指导中心.电力工程线路运行与检修专业:配电线路[M].2 版.北京:中国电力出版社,2017.

[5] 徐大军,张波,王秋梅.配电线路运维与检修技术[M].北京:水利水电出版社,2018.